幸福从早餐开始

李雯 | 著

河南大学出版社
HENAN UNIVERSITY PRESS
·郑州·

图书在版编目（CIP）数据

幸福从早餐开始 / 李雯著. -- 郑州 : 河南大学出版社, 2014.1（2016. 11 重印）
ISBN 978-7-5649-1370-0

Ⅰ. ①幸… Ⅱ. ①李… Ⅲ. ①食谱 Ⅳ.①TS972.12

中国版本图书馆CIP数据核字(2013)第247606号

幸福从早餐开始

责任编辑 申小娜
责任校对 阮林要
封面设计 李 雯

出版发行 河南大学出版社
地　　址 郑州市郑东新区商务外环中华大厦2401号
邮　　编 450046
电　　话 0371-86059750（职业教育出版分社）
0371-86059701（营销部）
网　　址 www.hupress.com
排　　版 保利设计工作室
印　　刷 郑州新海岸电脑彩色制印有限公司
版　　次 2014年1月第1版
印　　次 2016年11月第6次印刷
开　　本 787mm × 960mm 1/16
印　　张 11
字　　数 203千字
定　　价 39.00元

写在前面

我不是厨子，只是一个普通的上班族。
这不是一本专业的菜谱，只是一位姑娘的早餐和心情记录。
一个简单的初衷，开始为他做早餐。
一次随性的微博记录，有了后来的收获。

整个过程，我在慢慢学习，逐渐丰富，对食物的了解也渐渐深入。
多谢大家的支持，让我多了一个坚持下来的理由。

随缘有了这本小书，希望借这本书能给你的早餐搭配带来灵感，
也希望能打破人们通常对早餐“老三样”的单一印象，
如果你还能额外感受到生活的平静与美好，
那于我来说是莫大的荣耀。

每一天，当太阳升起的时候，为他准备早饭，温暖的心情，
新的一天，开始了。

Contents 目录

春 Spring

夏 Summer

秋 Autumn

冬 Winter

春 Spring

小时候的味道　香菇鸡蛋羹

●猫宁，6点30，第一个闹铃响起，6点40，第二个，6点三刻起床，10分钟洗漱，20分钟做早餐。开油烟机时，住在里面的小鸟扑啦扑啦飞出来，今天送牛奶的小工好像迟到了。

今日餐单 *menu*

香菇鸡蛋羹，红枣杏仁糯米粥，猕猴桃，芒果。

材料 *ingredient*

红枣杏仁糯米粥（红枣4颗，杏仁、糯米共一杯），鸡蛋羹（鸡蛋3只、香菇1朵、玉米粒若干、130g左右的凉开水、盐少许、料酒少许），猕猴桃1个，芒果半个。

制作过程 *recipe*

1 将泡好的糯米、杏仁一同放进酷彩铸铁锅内，注入适量清水，大火煮沸后放入红枣转中小火慢慢熬至粘稠。
2 香菇洗净切丝，蛋打散，加盐和几滴料酒搅匀，再倒入凉开水搅匀。
3 将蛋液倒入蒸碗，轻轻震几下将里面的气泡震出。
4 蒸碗加盖或裹上耐高温锡纸，入蒸锅。大火水开后放入香菇丝和玉米粒转小火蒸10分钟，关火后略焖。

· 糯米、杏仁、大枣提前泡一下会熟得更快，节约早上时间。
· 用铸铁锅熬粥可以节约一半时间，只是熬的过程中要盯着，因为锅子导热快、密封性好，很容易烧开，所以及时转小火免得溢出。
· 蒸蛋羹要用凉开水，因为未烧开过的冷水里有空气，蒸蛋的过程中水被烧开后，空气排出，蛋羹就会出现蜂窝。水开后一定要转小火慢蒸，不然会出现蜂窝。
· 餐垫购于无印良品，餐具购于宜家和淘宝。
· 彩色鸡蛋盅购于网上，可搜索关键词“带盖汤盅、汤碗、布丁碗、烘焙工具”。

我想陪在你身边　山药枸杞小排汤

●猫宁，喜欢坐在对面，看着你认真地把我做的早餐统统吃光，然后摸摸肚皮，打个响亮的饱嗝，冲我嘿嘿傻乐。尤其是遇到你格外爱吃的东西时，你那赞不绝口忙不迭的吃相，更是让我得意得要飞起来。然后在心里默默念着，就这样，让我为你做一辈子早餐吧。

今日餐单 *menu*

山药枸杞小排汤，三鲜饺子。

材料 *ingredient*

剩饺子若干只，山药、枸杞、小排。

制作过程 *recipe*

1 山药洗净去皮切滚刀块，放到盐水里防止氧化。

2 锅内烧开水，小排洗净后焯烫去血水，枸杞洗净。

3 将小排、山药、枸杞装入汤煲，注入清水，大火烧开后转文火慢炖2个小时。

三鲜饺子

1 韭菜洗净切碎，鸡蛋摊成蛋饼切碎，虾皮备用。

2 锅内倒入3茶匙油，烧到7成热，丢几粒花椒炸香，关火将花椒取出，待油冷却后倒入备好的鸡蛋和虾皮并拌匀。

3 2勺糖、适量姜粉、1茶匙生抽、2勺盐调味。

4 倒入韭菜拌匀，包成饺子。

5 平底锅倒适量油，烧热后将煮好的饺子整齐地码在锅底，中小火煎到金黄即可。

大力水手菠菜饼，潇洒走一个

●猫宁，起床时天还那么黑，撩开窗帘一看，好大的雾。早餐吃菠菜虾皮鸡蛋饼，杂粮粥，牛奶燕麦粥，还剩一碗杂粮粥，我果断大方地让给了不喝牛奶的大鹏。糟糕的天气没关系，有能量满分的大力水手菠菜饼，so～忙day（周一Monday）潇洒走一个～

菠菜饼，牛奶燕麦粥，杂粮粥，榨菜，香蕉，核桃仁。

材料 ingredient

菠菜饼（面粉120g、鸡蛋2个、菠菜一小把），牛奶燕麦粥（牛奶、桂格即食燕麦片），杂粮粥，榨菜，香蕉，核桃仁。

制作过程 recipe

1 面粉加清水调成稍稠的面糊，把鸡蛋打进稠面糊，努力搅匀，如果觉得面糊还是稠，可以再加点水，直到提起筷子或打蛋器面糊程流状。加盐调味后把洗净切碎的菠菜放进去。

2 在平底不粘锅中倒入油，油热后，舀一勺菠菜面糊摊平，中小火煎到金黄后，用铲子翻个面继续。煎菠菜鸡蛋饼的时候把杂粮粥放进微波炉中火加热5分钟。

3 牛奶倒进小奶锅，中小火加热到即将沸腾关火，挖3大勺桂格即食麦片放进牛奶搅拌均匀。中间记得给菠菜饼翻个面。

4 切香蕉，用生抽和香油调个菠菜饼的蘸酱。

5 用漂亮的餐具装好粥和饼，然后就可以开吃啦。

菠菜鸡蛋饼

1 菠菜洗净切碎，鸡蛋打散，1杯面粉备用。

2 鸡蛋加面粉里，加适量清水拌成稀面糊。

3 菠菜加入稀面糊，糖、盐、五香粉调味。

4 平底锅加热，倒少量橄榄油，倒入菠菜蛋粉液，用锅铲摊成饼，待蛋液边缘金黄凝固时，翻面继续。切小块装盘。

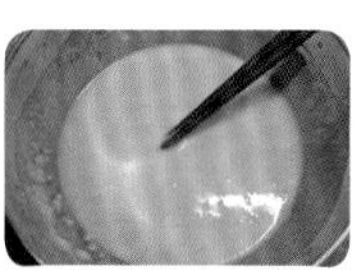
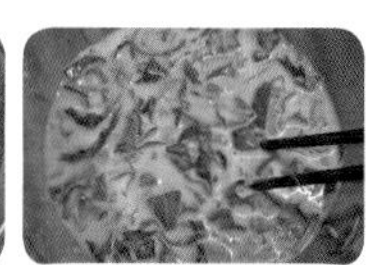

· 牛奶不要煮到沸腾，否则会流失营养。

· 一般平底不粘锅都是带涂层的，所以清洗的时候用柔软的海绵擦拭就可以，不要用钢丝球之类的尖锐清洁器，以免刮坏涂层。

· 菠菜可以换成胡萝卜、荠菜、洋葱等等你喜欢吃的蔬菜。

●猫宁，一打开卧室房门就闻到了香喷喷的豆沙味，在这美妙滋味的陪伴下蒸蒸鸡蛋羹，蒸蒸山药，煮煮大圆子，切切水果。剥几只甜虾，几只放到鸡蛋羹上，还有几只送给猫咪，说二位早上好，请慢用~~

今日餐单 *menu*

红豆沙汤圆，鸡蛋羹，山药，香蕉。

材料 *ingredient*

红豆沙汤圆（红豆2杯（电压力锅自带量杯）、清水、冰糖），鸡蛋羹（鸡蛋3个、清水120g、盐、料酒、北极甜虾6只），山药，香蕉。

制作过程 *recipe*

1 山药搓洗干净后切段入蒸锅（不要刮皮），同时把蒸鸡蛋羹的碗摆入，二者同蒸。

2 蒸锅蒸上以后，烧水煮汤圆。因为红豆沙是头天晚上用美的电压力锅的“豆类功能”预约的，所以早上只需烧开水煮几只黑芝麻汤圆就可以了。

3 香蕉切段装好。

· 鸡蛋羹的做法请看前面。

· 电压力锅非常实用，只需要睡觉前把米和水放进去，选择你要的功能，按“预约”定好时间，它便会在你指定的时间自动煮粥，十分遵守吩咐。而且在工作之前，米或者豆子一直泡在水里，也起到了浸泡的作用，一举两得。

· ZAKKA风的碟子和小碗购于朴坊。

妈妈这个词　裙带菜豆腐味增汤

●猫宁，窗外下着雨。每天睡前脑子里都会勾画出第二天早上的早餐图画，再花几分钟准备一下，这才放心地睡去。并没有多么复杂、多么昂贵的食材，都是手上现有的。我十分了解它们，我的工作就是把它们组合搭配好，绝不辜负它们每一位的特点。下雨天就想喝口热呼呼的汤，尤其在这初春清冷的早上。

裙带菜豆腐味增汤，丁丁蛋炒饭，香蕉。

材料 ingredient

丁丁蛋炒饭（米饭一大碗、黄瓜一小段、胡萝卜一小段、鸡蛋两个、扇贝肉适量），裙带菜豆腐味增汤（嫩豆腐一小块、干裙带菜适量、香葱一小根、米酒、味增汤调料），香蕉一个。

制作过程 recipe

1 香葱切段，在锅中加入水、一点点米酒，煮开，加入豆腐、裙带菜。
2 把味增放入勺里，盛一点点汤用筷子将其化开，然后搅匀汤水，煮开，放葱。
3 葱切葱花，扇贝肉洗净，黄瓜、胡萝卜切小丁。
4 鸡蛋打散加入少许料酒和盐，倒入加热好的油锅小火炒散后盛出。
5 锅留底油将葱花爆香，把米饭、黄瓜丁、胡萝卜丁、鸡蛋还有扇贝肉倒入，加盐、糖、生抽翻炒均匀即可。

· 味增不适合反复加热，吃多少煮多少，不要一次做太多。
· 先煮汤再炒饭，这样会比较节约时间哦。煮汤的等待过程中有足够的时间把饭炒好，把水果切好。
· 调味只用盐、糖和酱油好了，鸡精、味精我是从来不用的。保留食物原有味道不是很好嘛！
· 头天晚上可以花5分钟做这样的准备，速冻扇贝丁从冷冻室拿到冷藏室，海群菜泡发，豆腐切小方块，然后统统放冰箱冷藏起来。
· 餐垫是从印度带回来的，木勺子购于朴坊。

●猫宁，周末好，依然雨天。好好先生出差了，自己早餐。一个人的生活会简单得到周末都不用整理屋子，因为和上周末刚整理完时一模一样。经常把这种短暂的分离作为个人自我调整期。敷敷面膜，听听音乐，下了班约上许久不见的姐妹出去逛逛街，喝喝茶，给自己买几件漂亮衣裳。周末独自一人跑到一个谧静的西餐厅豪放地吃上一顿，打个电话给那边工作的人儿勾一下他的馋虫。然后拍拍滚圆的肚皮回到家，煮杯咖啡，坐到窗边，继续啃那本厚厚的外国小说。一个人的时光，是学习自己陪伴自己，学习享受孤独的最佳时光。

今日餐单 menu

山药红枣赤豆莲子汤，厚蛋烧，鸡肉香肠，车厘子，香蕉。

材料 ingredient

山药红枣赤豆莲子汤（大米半杯、山药一小段、红枣6颗、红豆一杯、莲子半杯），鸡蛋2个，鸡肉香肠5个，车厘子一小碗，香蕉一只。

制作过程 recipe

1 一小把米洗净丢入锅内，大火烧开后把山药、赤豆和红枣一同放入铸铁锅内同煮。

2 鸡蛋打散加盐和料酒，玉子锅烧热加少量的油，将2/3蛋液倒入。蛋液加热到起泡后开始用筷子卷起。卷好的鸡蛋推到一边，倒入剩下1/3蛋液，同样开始起泡后卷起。卷好的鸡蛋切块装盘。

3 用锅底剩的油，小火把香肠煎香。

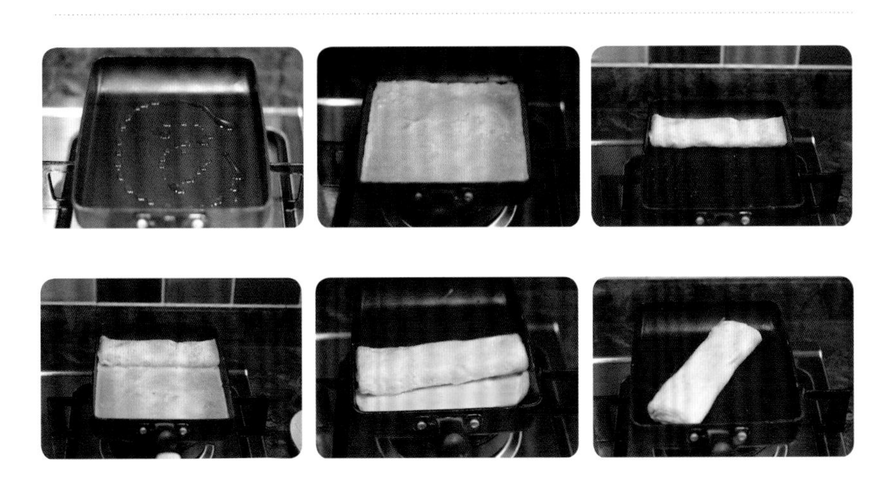

· 做厚蛋烧要用玉子烧锅，可以在网上买，最好找正规厂商生产的，因为毕竟是涂层锅。可以搜关键词“玉子烧锅”，“厚蛋烧”。

· 煮粥用到的赤豆、红枣提前一晚泡上，山药也可以提前一晚切好，浸泡在清水里置于冰箱保存，这样会大大节约早上宝贵的时间。

· 餐具购于特力屋。

●猫宁，打开电脑第一眼看到的就是惠特尼·休斯顿去世的消息，不敢相信这是真的，还那么年轻……那首经典的《When You Believe》陪伴了我大学时代。每当听到这首歌的旋律，那个时期的很多场景便像放电影般的在我脑海里出现，顿时感慨万千。希望她在天堂一切安好。

在特别不好的日子　香菇板栗鸡汤

今日餐单 *menu*

香菇板栗鸡汤。

材料 *ingredient*

剩余鸡汤，切片年糕，板栗肉8个，干香菇6朵，西红柿半个，葱花适量，枸杞适量。

制作过程 *recipe*

1 香菇泡发，板栗肉稍微切碎，西红柿切丁。
2 煮好的鸡汤连汤带肉一起倒入锅内，煮开后将年糕片和其他食材一起丢进去。
3 再煮开时用盐调味，然后转中小火煮至熟软即可。

· 香菇要记着头天晚上就泡上哦。

· 食材的搭配可以根据自己的喜好来，也可以根据时令的菜品来，只要把营养分配均衡就好。

· 大汤碗购于超市。

●猫宁，雨又下起来了。一直不见太阳，人难免会心生郁结。起得早一点，吃一顿早饭，赶走起床气，再出门去上班时看世界的眼光就会不一样。那些横冲直撞的载客摩托、乱穿马路的行人、突然拐弯的汽车、地铁站里汹涌如潮的人流，都可以给足耐心。真正的平静，不是避开车马喧嚣，而是在心中修篱种菊。这个雨季会在何时停歇，我不知道，但我知道，你若安好，便是晴天。

今日餐单 *menu*

卤牛肉，花生山药红枣小米粥，鸡蛋，苹果。

材料 *ingredient*

花生山药红枣小米粥（花生小米1量杯，山药一小段，红枣6颗），卤好的牛腱子肉一小块，鸡蛋2个，苹果半个。

制作过程 *recipe*

1 泡好的花生、大枣洗净，山药去皮切小丁，同小米一同放入铸铁锅中煮，大火烧开转小火煮至粘稠为止。
2 粥煮上后，把两只鸡蛋装入小奶锅，加清水没过鸡蛋，盖上盖子大火煮开后再煮4分钟。
3 牛肉切片，苹果切块。

卤牛肉

材料：新鲜牛腱子肉2斤，八角4粒，桂皮一小块，干辣椒适量，干山楂片适量，姜1块，葱1段，黄酒2汤勺，老抽1汤勺，盐2勺，冰糖少许，清水适量。

1 牛腱子洗净切大块，装入高压锅。
2 锅内慢慢加水，到差一点点没过牛腱肉停止。
3 姜切片，葱切段，放入黄酒、老抽、盐，冰糖放入。
4 将八角、桂皮、干辣椒、干山楂片放进锅内，盖上盖子，开大火，喷气之后把压阀装上转中小火20分钟。

· 卤牛肉放几片干山楂可以让肉质更嫩更鲜美。

· 量黄酒和老抽的是盛粥那种大汤勺，不是喝汤的汤匙，要注意哦。

●猫宁，雨终于停了。早上煮了奶油蘑菇浓汤，里面加了点火腿丁，用法棍、培根和番茄做了迷你三明治，水果是苹果。他平时不大喜欢西餐，却唯独喜欢喝奶油蘑菇浓汤。不喜欢喝牛奶又希望吸收牛奶营养的同学可以考虑煮奶油蘑菇浓汤喝，牛奶的营养全在里面了。昨天围脖说到拔草，他晚上很认真地问我什么叫拔草？god……这个火星来的奥特曼。

今日餐单 menu

迷你法棍三明治，奶油蘑菇浓汤，苹果。

材料 ingredient

奶油蘑菇浓汤（黄油20g、牛奶200g、面粉100g、口蘑4朵、火腿丁、盐），迷你法棍三明治（法棍、培根、番茄、黑胡椒），苹果。

制作过程 recipe

1 口蘑洗净切片，火腿切丁，面粉过筛。

2 把面粉用橄榄油在平锅里用小火翻炒，炒到闻到烤馒头一样的香味即可。

3 汤锅加热，放入黄油融化，下蘑菇和火腿炒香，倒入牛奶用小火同煮，把刚才炒好的面粉加清水调成糊加入锅内，中小火煮开后加适量盐调味即可。

4 奶油浓汤煮的过程中做三明治。法棍斜切成片，培根煎熟，番茄切片。一片法棍铺上培根，撒点黑胡椒碎粒，再放上番茄，最后再盖上另外一片法棍。这样，是不是很简单啊！

5 苹果对切，找个好看的盘子装起来，这时候浓汤也差不多啦，开动。

· 法棍吃之前可以先进烤箱烘两分钟，这样加热会变得更好吃哦。其实任何面包买回来吃之前都可以回炉加热下增加口感。

· 波浪形汤碗购于宜家，白瓷盘购于麦德龙，水果篮和面包板购于网上。

一碗白粥，也是幸福

●猫宁，吃好早餐一起出门，你坐班车，我坐地铁。这个画面已经成为我生活画里每天必抹的一笔。不论是阳光明媚的艳阳天、细雨纷飞的梅雨天、干燥晴朗的秋爽天，还是湿冷阴暗的冬雨天。有装着的人和事儿，心里就踏实，工作一天，时间怎么就那么快呢~~~

今日餐单 *menu*

白粥，烧麦，水萝卜。

材料 *ingredient*

白粥（白米粥、肉松），鸡蛋2个，小水萝卜3个，避风塘烧麦4个。

制作过程 *recipe*

1 大米熬好之后撒上肉松。

2 鸡蛋在平底不粘锅里单面煎到蛋黄表面稍微凝固。

3 烧麦无需解冻直接放入蒸锅，水开后蒸10分钟便可。

4 小水萝卜洗净切薄片，加糖、生抽、香醋、芝麻油调味。

· 工作繁忙没有时间亲自制作面食时，可在超市购物的时候买点速冻的烧麦、叉烧之类的食品。早上从冰箱拿出蒸蒸就是一顿丰盛的早餐。

· 烧麦品牌避风塘。

· 瓷器购于景德镇工作室。

●猫宁，大晴天儿，安静的空气。这两只方盘都是跟了我许多年的大功臣。在我的餐具架上，有许多盘碗，都是经年沉淀下来的。刚成家时，买过很多看了几天就不喜欢的东西，定期整理屋子时就会打包把它们扔掉。扔着扔着，人就变得理智了，不再看到稍微有点心动的就马上买下来。喜欢一样东西，也是要认真坚持的，爱惜身边物，惜福且知足。

生活就是做减法　胡萝卜鸡蛋卷

今日餐单 menu

胡萝卜鸡蛋卷，五谷豆浆，苹果，小寿司。

材料 ingredient

五谷豆浆（黄豆、黑豆、绿豆、红豆共1杯），原味土司2片，胡萝卜鸡蛋卷（鸡蛋3个，胡萝卜半根，盐），苹果，打包的小寿司。

制作过程 recipe

1 五谷提前泡好，用九阳豆浆机的“五谷豆浆”功能打磨。
2 土司对半切开后放在带纹路的平底锅内，不放油，两面烙烤出纹路。
3 蛋打散，胡萝卜用擦菜器擦茸加入蛋液、盐调味，像做厚蛋烧一样卷成卷。

· 豆浆和鸡蛋大可以放心大胆地一起吃，前提是充分加热做熟了。加热的过程除了达到杀死致病细菌的目的，还担负着破坏胰蛋白酶抑制物的作用。（此段资料来自《吃的真相》，想了解更多知识请参考。这是本非常好的书。）
· 玻璃杯购于宜家，盘子购于淘宝店“家居铺子”。

●猫宁，今天是个大晴天。她并非天生就是个胖子。这个名字是后来某先生给她起的。开始时，她是个瘦瘦高高的苗条姑娘，有一头乌黑顺滑的长发。她爱做饭，遇到他之后有了施展空间，每天研究各种好吃的做给他吃。他吃东西特香，她总在他的感染下跟着一起大吃特吃。时光飞逝，她变成了一个球，也渐渐地成了他口中的小胖子，却再也没有失过眠。（某先生旁白，其实还好啦，哪里算得上是胖，是以前太瘦了，现在刚刚好。）

小胖子的幸福　土豆酸奶油面包

土豆酸奶油面包，什锦滑蛋，卤牛肉，牛奶，咖啡。

材料 ingredient

土豆酸奶油面包（高筋面粉360g，土豆泥230g，酵母4g，无盐黄油30g，牛奶70g，鸡蛋1个，酸奶油60g），什锦滑蛋（鸡蛋2个，杂菜50g），卤牛肉，牛奶，咖啡。

制作过程 recipe

1 先把面包放进预热好的烤箱加热5分钟。
2 鸡蛋打散，加少许料酒、盐和水、淀粉，火腿切丁，胡萝卜切丁，玉米粒、青豆洗净，将所有材料倒进蛋液拌匀。
3 平底锅加热，倒少许橄榄油，倒入蛋液快速翻炒，待蛋液稍微凝固即可出锅。
4 卤牛肉切片。

什锦滑蛋

1 鸡蛋打散，加2匙清水拌匀，放入盐、料酒和糖调味。
2 杂菜倒入打散的蛋液，平底不粘锅倒少量油，加热后倒入杂菜丁蛋液，大火迅速翻炒两下即可出锅。

土豆酸奶油面包

1 土豆切块，隔水蒸熟后去皮，趁热压成泥。
2 土豆泥里加酸奶油拌匀成泥状。
3 面粉加牛奶、鸡蛋、盐、酵母，稍微搅拌均匀，加入步骤2中的混合物继续搅拌，揉至成柔软有弹性的面团，然后加入黄油继续揉。注意面团揉得不用太厉害，不需要出薄膜。
4 揉好的面团盖上保鲜膜发酵到原来的两倍大。
5 面团发酵好后取出，轻轻按扁，分成12等份，滚圆，松弛10分钟，放在烤盘上二次发酵。

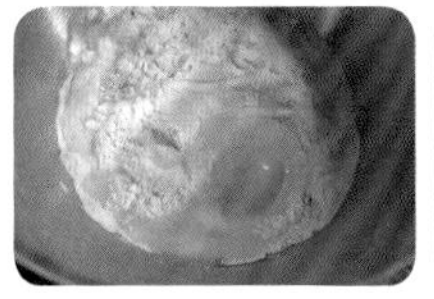
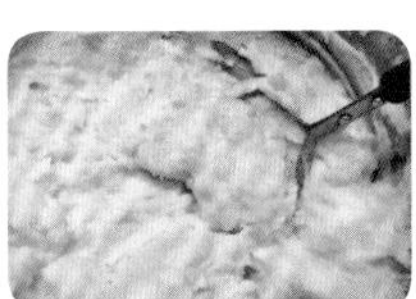
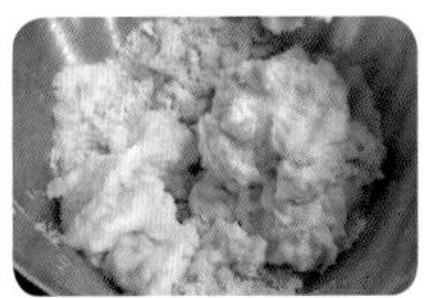

开启新一周的动力　蘑菇牛肉粥

●猫宁，金灿灿的土鸡蛋卷和远处船只的汽笛声都让早晨的心情欢快。熬一个蘑菇牛肉粥，烤两只红薯，佐点凉拌海藻菜和酱瓜。满足地吃完，开启新一周的动力。

今日餐单 *menu*

蘑菇牛肉粥，酱瓜小菜，火龙果。

材料 *ingredient*

蘑菇牛肉粥（大米1量杯、1/3量杯糯米、姜片、牛肉、清水、盐、五香粉、黑胡椒碎粒、葱花），厚蛋烧（鸡蛋3个、盐、料酒），中等个头红薯2块，酱瓜小菜，火龙果。

制作过程 *recipe*

1 泡好的大米和糯米放入锅中，添水，大火煮到沸腾，转中小火慢熬煮20分钟。

2 牛肉切成小指甲盖大小的丁，姜切片，葱切葱花。牛肉丁和姜片放入锅中同煮。

3 待到米粘稠，肉丁熟透后加盐、五香粉、黑胡椒碎粒和芝麻油调味，出锅撒上葱花。

4 烤箱200度预热，红薯洗净裹上锡纸入烤箱烤1小时，打开锡纸再烤20分钟。（可提前一晚将红薯烤好）

早餐的统筹方法

· 高中大学虽一直都是文科生，但数学里学的统筹方法始终牢记在心。通常耗时最久的那个最先做，其次是第二耗时的，以此类推。这样就可以掌握好时间，最久也不过那个耗时时间最长的嘛。（当然，那些超过半小时的早上就还是算了吧。）

· 通常我都是把需要蒸的、煮的东西放好，然后去刷牙洗脸。接着弄煎的、拌的这些不费太多时间的。一些冷冻食品，需要解冻的就提前一晚转移到冷藏室里，一些蔬菜水果也可以头天晚上洗好备好，煮粥的米啊豆子啊也可以头天晚上提前泡好，还有一些需要水发的菜，都是可以提前准备的。这样，才能在有限的时间内笃定地把早餐做好。

最熟悉的重口味　五香豆腐

●猫宁，阳光灿烂的一天，空气里都是春天的气息。吃早餐的地方在阳台，各种植物和香草，大大小小，高高低低在阳台散落开来，就这样把吃早餐的我俩包围其中。我喜欢植物，每次累的时候站到阳台小花园里，看着每片叶子吐着芬芳，深深吸上一口，顿时觉得身体内充满了能量。烧菜的时候能够随手抓把自己种的罗勒或者迷迭香什么的，那感觉更是满足。但是我种花始终是个门外汉，所以我只能每天拜托它们给点面子，看在我每周勤勤恳恳照顾它们的面儿上，长寿点。

今日餐单 *menu*

五香豆腐，红豆血糯米大枣粥，煎鸡蛋。

材料 *ingredient*

红豆血糯米大枣粥（红豆半杯、血糯米半杯、大枣6颗、冰糖适量），鸡蛋3个，香葱适量，五香豆腐（老豆腐一盒、生抽2勺、老抽半勺、糖2勺、五香粉少许、料酒少许、清水一碗）。

制作过程 *recipe*

1 睡前把粥的材料洗净，大枣切丝，同冰糖一起放入电压力锅，加满水，预约煮粥。

2 准备两只平底锅。一个灶头卤豆腐，一个灶头煎鸡蛋。

3 老豆腐切成大约0.5 cm厚的方片，在平底锅里煎到两面金黄，所有调料调成一碗卤汁浇到豆腐上，盖上盖子小火慢炖10分钟。

4 做豆腐的同时把香葱切碎，鸡蛋打散，加少许料酒和盐，还有水、淀粉，放入切碎的香葱拌匀。平底锅倒少许橄榄油，烧热后将蛋液摊入锅内，一面煎到金黄后翻面继续。

5 煎好的鸡蛋饼切块装盘。

· 鸡蛋打散可以加点料酒去腥，加点水、淀粉会让鸡蛋更嫩。

· 卤豆腐的时候无需再放盐，因为有老抽和生抽足够。

· 餐垫购于宜家，蓝色水玉盘子购于上海一家西班牙餐厅，薄荷绿小碗购于上海嘉里城。

●猫宁，早餐吃香喷喷新鲜出炉的燕麦司康，夹蓝莓酱。白天的光景越来越长，春天的气息越来越浓。缝帘子，剩余布头缝成餐垫，然后，绣上喜欢的几个物件，样子很笨，请别笑我。想起小时候姥姥教我绣花。

甜蜜的味道　燕麦司康配蓝莓酱

今日餐单 *menu*

燕麦司康，干酪，牛奶，橙汁，鸡蛋。

材料 *ingredient*

司康（低筋面粉 200g，细砂糖 30g，盐 1/2 小勺，黄油 50g，全蛋液 40g，牛奶适量，即食燕麦 2 大匙，泡打粉 1 小勺），牛奶 1 杯，橙汁 1 杯，鸡蛋 2 个，蓝莓酱，干酪 4 片（喜欢吃就多切几片）。

制作过程 *recipe*

1 低筋面粉和泡打粉、盐、糖混合均匀。

2 黄油切小块，室温软化和面粉混合，用手搓至黄油与面粉完全混合均匀成沙状；

3 在面粉里加入全蛋液、牛奶，随意抓揉。

4 倒入燕麦，抓成面团（不要使劲揉，以免面筋生成过多，影响成品的口感，让所有材料混合就好）。

5 揉好的面团用磨具压成一个个饼状，表面刷蛋液。

6 烤箱 200 度预热，15 分钟左右即可。

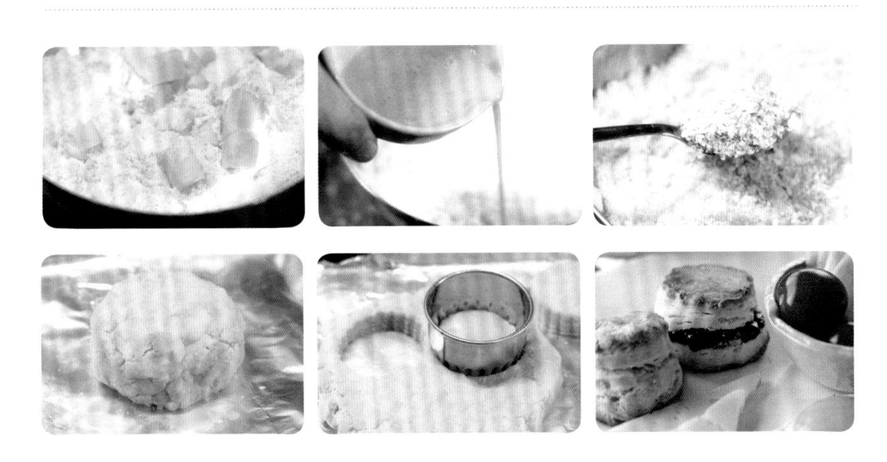

· 司康的面团可以整好后用保鲜膜裹好放入冰箱冷藏室，早上拿出来用磨具压好进烤箱。或者提前一晚烤好后早上再回炉加热一下。

· 玻璃杯购于宜家，白瓷盘购于商店。

●猫宁，晴朗的一天。烤一筐面包，一星期的早饭都有了着落了。面包这个洋玩艺，最初给我的印象都是软趴趴、一捏便缩成一小点、充满香精味的一种面食。直到自己开始学做面包，了解面包知识之后才发现，还有一类面包，它的味道大大区别于一般流水线下来的，它皮脆耐嚼，有天然麦香和酵母香，外表是朴素憨厚型，那就是后来面包店里开始露面的乡村谷物面包。很多时候，我们都被过度包装给搞晕了脑袋，丢弃的往往都是最初的、最原始的、最自然的。直指人心的事物多好。

今日餐单 menu

培根西兰花，蒜香土豆酸奶油面包，牛奶，咖啡。

材料 ingredient

蒜香土豆酸奶油面包（黄油、蒜蓉、盐），培根 2 片，鸡蛋 2 个，西兰花和彩椒少许，牛奶，咖啡。

制作过程 recipe

1 用咖啡壶先把咖啡煮上。
2 西兰花开水焯一下备用，平底锅加热，倒少量橄榄油，培根放进去，煎到滋滋冒油时撒点黑胡椒，鸡蛋打进去同煎。
3 培根、鸡蛋煎好后盛出，用锅底的油把西兰花和彩椒简单翻炒，撒盐调味。
4 将锅子清空后取少量黄油加热融化，蒜蓉倒进去小火炒香，加盐调味。
5 面包切片抹上蒜香黄油。

· 面包放回烤箱加热下口感会更好。
· 不喜欢黄油可以用橄榄油代替，一样。
· 培根煎的时候自己会冒出很多油，因此煎培根的时候不用放太多油，还可以用煎完培根的锅接着煎蛋。

●猫宁，暗灰色的天，想借点阳光。阴雨天特别考验人的耐力。还好我不讨厌下雨天，相反，下雨天让人觉得宁静。可以趴在窗台前，看着窗外的雨滴，湿漉漉的街道，撑着伞的人们，一杯清茶伴手，想想心事，开心的不开心的在此刻都会变得柔软。如果是冬季的雨天，抱着厚厚的被子烤着炉火，看部电影，那心情更是可以美得飞起来。撑把雨伞出门走走也好呀，马路边有被雨水打落的树叶，空气里混着泥土的味道。正因为有雨天有晴天，我们的日子才变化多样，丰富多彩。

阴冷的雨天　凉拌黄瓜

今日餐单 *menu*

杂粮粥，烧麦，黄瓜，鸡蛋。

材料 *ingredient*

杂粮粥（糙米、黑米、糯米、花生、大米），鸡蛋两个，烧麦，黄瓜。

制作过程 *recipe*

1 将泡好的所有米装入铸铁锅，倒入清水，大火烧开转小火熬到粘稠。

2 烧麦无需解冻装入蒸笼，水开后大火蒸一刻钟。

3 黄瓜切薄片用生抽、香醋、糖和芝麻油简单调味。

· 蒸烧麦时没有蒸锅没关系，可找一口直径和蒸笼差不多又恰恰小于蒸笼一圈的锅，直接将蒸笼摆在上面。

· 蒸笼购于麦德龙，餐具购于商店。

●猫宁，雨天，周末的早晨。给某人做饭其实真的挺简单，因为他是一个不挑食的好青年。但他越不做要求，我对自己的要求就越高。不知不觉，中餐、西餐、面点烘焙，都能露出那么两手。渐渐地我们俩人的嘴巴养刁了。出去吃饭，一吃便知道材料新不新鲜，是调了高汤还是用味精堆出来的，再加上有那么点洁癖，外食选择面越来越窄。我的原则是，既然出去吃，就选个优秀的餐厅，不然太对不起自己的胃和钱包。倒也奇怪，外面精致昂贵的饭菜总有吃腻的一天，家里朴素简单的一菜一汤却总也不嫌厌烦。

最美不过家里简单的一菜一汤　杂粮粥

今日餐单 menu

杂粮粥，香菇香肠蛋羹，包子，草莓，杨桃。

材料 ingredient

杂粮粥（大米、血糯米、薏仁），香菇香肠蛋羹（鸡蛋 3 个、香菇 2 朵、香肠半根、清水 120g），包子，草莓，杨桃。

制作过程 recipe

1 用前面讲过的方法蒸鸡蛋羹，水开后将香肠片和香菇丝放进去。同时蒸包子。

2 薏仁提前泡一下，和大米、血糯米一起煮到粘稠。

· 带盖白色鸡蛋蒸碗购于沃尔玛，斗笠碗和碟子购于网店“糯米瓷”。

●猫宁，家里食材空了，正巧昨天朋友送了一块GB半干奶酪，还有点剩余面包和蔬菜，再煎个蛋皮，煮点咖啡，煮了最后四只汤圆，倒也将就出一顿简单有营养的早餐。

今日餐单 *menu*

黑咖啡，三明治，汤圆，鸡蛋。

材料 *ingredient*

咖啡粉，清水，速冻汤圆4只，全麦葡萄干土司，番茄，生菜，鸡蛋，奶酪。

制作过程 *recipe*

1 全麦葡萄干土司对半切，在平底锅里烤脆。
2 鸡蛋打成蛋液加盐和黑胡椒调味，煎成蛋饼，切成和面包同样大小的方块。
3 依次铺上蛋皮、生菜、番茄、奶酪。

●猫宁，可爱的晴天。漂亮的盘子是好友从外地寄来的礼物。一直认为朋友不在多，有那么几个心里始终装着你，了解着你兴趣的，就足够。我也很愿意为她们服务，不管你发生什么事，不管我在做什么，只要你一个电话，我保证第一时间到。

心底最温暖的安慰　西葫芦糊塌子

今日餐单 *menu*

西葫芦糊塌子，红豆沙小圆子，番茄酱鸡蛋卷，牛蒡胡萝卜丝炒香肠，草莓。

材料 *ingredient*

红豆沙小圆子（红豆 1 杯，陈皮 10g，冰糖适量，糯米小圆子适量），鸡蛋 3 个，西葫芦半个，牛蒡丝，胡萝卜丝，草莓。

制作过程 *recipe*

红豆提前泡好，加陈皮用电压力锅煮到透。早上盛出一人份装进小奶锅，放两块冰糖，添适量纯净水，煮开，投入小圆子，待到所有圆墩墩的小圆子飘起来就好了。

西葫芦糊塌子

材料

大个的西葫芦半个，鸡蛋 2 个，面粉 1/2cup，清水适量，葱一截。

调味品

盐1勺，糖1勺，生抽2匙，芝麻油2匙，五香粉适量（可放可不放）。

步骤

1 西葫芦擦丝（擦好丝的西葫芦丝可以挤一下水，也可以不挤啦，利用它本身的水分和面可以少加点水）。

2 打进鸡蛋，拌匀。

3 筛进面粉。

4 葱切葱花拌进去。

5 用筷子将面粉、葱花和混合了鸡蛋的西葫芦丝拌匀。

6 撒入盐、糖、少量五香粉，倒入生抽，最后淋点芝麻油，拌匀。

7 拌匀后酌情再添点清水，拌成糊状。

8 平底锅油热后舀一勺到锅中心，摊平，中小火煎到边缘金黄之后，反面继续煎到金黄即可出锅。

夏
Summer

●猫宁，多云的天气。不知不觉地，夏天就慢慢滑进了生活。夏天就是一人一半冰西瓜，他总是把西瓜中间那块没有籽的挖给我；夏天就是夜晚的微微凉风和知了声。喜欢夏天，尤其是在冰冷的冬天里。冬天很怀念温暖的夏天，这大概就叫做距离产生美吧。天气炎热，早上吃三明治这样的冷餐也不会觉得冷，再煮杯咖啡，几颗坚果，营养也够了吧。

今日餐单 *menu*

虾仁蟹味三明治，咖啡，坚果和苹果。

材料 *ingredient*

三明治（椭圆形面包、生菜、蟹肉棒、虾仁、盐、黑胡椒、酸奶油、柠檬汁），咖啡，苹果，坚果。

制作过程 *recipe*

1 面包胚从中间切开备用。

2 蟹肉棒开水烫一下后拆散切碎，用酸奶油、柠檬汁、黑胡椒粉和盐拌匀。

3 虾仁去沙线（我买的是剥了壳去好沙线的虾仁）清水煮开，可以在煮虾的水里加点料酒和盐。

4 面包胚里先夹一片生菜，然后把拌好的蟹肉夹进去，最后夹上虾仁。

5 苹果切片，盘子里摆好杏仁，把三明治摆上就好啦。

· 面包胚超市里面可以买到，没有面包胚也没关系，买椭圆形的谷物面包，切厚片也可以。

· 柠檬汁没有也没关系，但是酸奶油一定要有，是这款三明治的精髓。

· 盘子购于宜家，咖啡杯购于特力屋。

●猫宁，简单素雅的土布是在一个古镇子淘的，土布的纹理和质感还有窄窄的宽幅特别合适当餐布，于是在那个落满东西的古董店角落里，一眼被我发现，央求着老板伯伯给我每样裁了一米，用牛皮纸裹好，欢天喜地地装进竹篮里。喜欢淘宝，喜欢不经意间碰到的让我心动的感觉，喜欢有点年头有点破旧的老物件，每每看到它们，都觉得它们尘封了许许多多的故事~~~

可爱而又质朴的回忆 饭团

今日餐单 *menu*

饭团，紫菜虾皮汤，煎蛋，泡菜，火龙果。

材料 *ingredient*

饭团（剩米饭、寿司醋、海苔），紫菜汤（干紫菜饼半个、虾皮若干、葱花、盐），鸡蛋两个。

制作过程 *recipe*

1 将隔夜米饭放微波炉里稍微热 2 分钟，用铲子翻松，滴几滴寿司醋拌匀，双手蘸水打湿，抓一些米饭，用手团成合适大小后外面包一张海苔。
2 干紫菜饼撕碎，水烧开后将紫菜、虾皮放入，再开后撒葱花、盐。
3 鸡蛋两面煎熟，淋少许鲜味酱油。

· 蒸米饭的米建议用东北大米，东北大米一年一熟，比较粘，口感好，适合做饭团和寿司。蒸米饭时，先将大米搓洗三遍，注入清水浸泡半小时后再蒸，这样蒸出的米饭颗颗饱满，非常好吃。

· 寿司醋没有可免。

· 淘米水别忘了可以用来浇花哦。

●猫宁，最近在看一部老剧。故事发生在一个海边客栈，有一天，两个城里的年轻人因为各自的原因来到这里，严肃话不多却又有故事的客栈老板，天真可爱的客栈老板孙女，一直在等儿子来信的酒吧老板娘，大家都有各自的烦恼，但都抱着积极的心态找到了自己的突破口。不刻意，不说教，巧妙又自然地让你忘记烦恼。它是我近来低谷期里的一道暖暖的光。迷茫不可怕，可怕的是钻牛角尖里不出来。“简单，是最理所当然的。”——《Beach boy》

今日餐单 *menu*

火腿鸡蛋芝士三明治，茄汁豆子，芥辣香肠，脱脂牛奶，苹果。

材料 *ingredient*

三明治（白土司、芝士片、方形火腿片、番茄），茄汁黄豆（梅林），德国烟熏芥辣香肠，脱脂牛奶（德运），苹果。

制作过程 *recipe*

1 将香肠切花，不粘锅淋少许橄榄油小火两面煎。
2 土司、火腿、芝士对角线切开，番茄切片，按面包、火腿、芝士、番茄、芝士、火腿、面包的顺序摆放好就行。
3 茄汁黄豆是罐头，打开挖两勺。

· 豆子香肠是英式早餐里常出现的食物，也尝试过国外进口的茄汁豆子，没有梅林的好吃。
· 喝牛奶的时候最好不要和桔子、橙子、猕猴桃、柿子等水果同吃，会影响吸收，容易腹胀。
· 盘子购于宜家，玻璃杯购于麦德龙。

●猫宁，周末的晨。六点多醒来，肚子咕咕叫。厨房里有现成的胡萝卜牛腩，是昨晚用铸铁锅小火慢炖出来的。于是给自己煮碗面，牛肉当浇头，再煎个新鲜的土鸡蛋。难免会有一个人独处的时候，用美味来作伴吧。
一个人时，让美味来作伴　红烧胡萝卜牛腩面

今日餐单 *menu*

红烧胡萝卜牛腩面，煎蛋。

材料 *ingredient*

鸡蛋挂面1两，胡萝卜、牛腩一小碗，鸡蛋1个。

制作过程 *recipe*

1 锅内水开后将面条下入，加盐、糖、生抽调味。

2 平底不沾锅下少量橄榄油煎蛋，单面煎。

3 面条煮好后将胡萝卜牛腩盖到面上，加上鸡蛋即可。

红烧胡萝卜炖牛腩

材料

牛腩2斤，胡萝卜2根，黄酒1袋，干辣椒，花椒，八角，桂皮，香叶，冰糖，盐，生抽，老抽，姜、蒜、葱适量。

步骤

1 牛腩沸水去血水，胡萝卜切滚刀块。

2 铸铁锅里倒油烧热，倒入焯好的牛腩翻炒出香味，整袋黄酒倒入，如没过肉可以再加一些清水。

3 放入干辣椒、花椒、八角、桂皮、香叶，加入冰糖、盐、生抽、老抽，加盖大火烧开转小火焖30分钟。

4 加入胡萝卜，翻匀，继续小火炖20分钟。

· 干辣椒可放可不放。

· 怕牛肉不烂的话可以用高压锅先压20分钟。

●猫宁，夏天的脚步渐渐近了，阳台上的花儿们都竞相开放。一直喜爱蔷薇玫瑰，初夏季节它就静静地绽放在某个墙角，为空气带来一丝清新甜美，但花朵却秀气不张扬。那天在花鸟市场看到这株便怎么也走不动了，于是哼哧哼哧一个人把它搬到了家里。以后坐在沙发上就能享受到它那股清幽的香气了。

今日餐单 *menu*

牛蒡蔬菜汤，海鲜炒饭，菠萝。

材料 *ingredient*

剩米饭一碗，鱿鱼、虾仁少量，牛蒡，白萝卜，胡萝卜，香菇，菠萝。

制作过程 *recipe*

1 鱿鱼切成圈圈，虾仁洗净去沙线，取一瓣大蒜拍扁切碎。

2 蒜蓉入油锅煸香，倒入鱿鱼和虾仁翻炒出香味，把米饭倒入，加一大茶匙海鲜酱，翻炒均匀。

3 加盐、糖、鱼露调味，即可。

牛蒡蔬菜汤

材料

牛蒡1根，白萝卜1/3根，胡萝卜1根，香菇6朵。

步骤

1 牛蒡洗净去皮斜切厚片，泡水里防止氧化。

2 白萝卜、胡萝卜洗净切滚刀块，香菇洗净切四瓣。

3 所有材料装入汤煲加满清水大火烧开转小火煲1小时。

· 鱿鱼和虾仁可以头一天晚上处理好放入冰箱冷藏，以节约早上时间。

●猫宁，小阴天儿，气温舒服无比。在这样的季节总是不需要闹钟的，生物钟每天清晨6点准时把我敲醒。起床，坐起，伸个懒腰，然后关掉所有还未响的闹钟，让某人踏实地多睡会儿。套上最柔软的纯棉T恤，宽松的裤子，轻手轻脚地带上房门。来到厨房我的一亩三分地，拧开收音机，开始做早餐。收音机里轻音乐很欢快，猫咪在洗脸。时间到，站在餐厅朗声喊：起～～～床～～～～啦～～～～～

一直在那里　葱花鸡蛋饼

今日餐单 *menu*

葱花鸡蛋饼，紫米杂粮米糊，清炒素三丝，蒸紫薯，西瓜。

材料 *ingredient*

葱花鸡蛋饼（鸡蛋2个，大葱1小段），紫薯一块，清炒素三丝（茭白、胡萝卜、香菇），紫米杂粮米糊（薏米、紫米、红豆、大米）。

制作过程 *recipe*

1 先打米糊，把薏米、紫米和红豆洗净后放入豆浆机，选择“营养米糊”功能。

2 煎鸡蛋饼。

3 煎完鸡蛋饼的锅子我们直接来炒素三丝。茭白、胡萝卜切丝，香菇去蒂切丝。油热后葱花煸香，放三丝炒软，盐、糖、生抽调味。

葱花鸡蛋饼

1 鸡蛋打散，葱花切碎加入蛋液，加适量芝麻油、料酒和盐调味。

2 平底锅淋少许橄榄油，蛋液倒入，摊平，煎至金黄后翻面继续煎至金黄即可出锅。

· 紫薯蒸起来有点慢，建议头天晚上便蒸好，早上微波炉加热下就可以了。

· 水果搭配可按照时令的原则。

· 蓝色樱花碗购于特力屋，ZAKKA风白盘和方盘购于朴坊。

●猫宁，满心焦虑，天不亮就醒了。今天是并组后第一次早会，早会不可怕，可怕的是从今天开始要用英文发言，而且是对着一群陌生人，天知道我心里有多紧张。硬着头皮起来，把发酵了一晚的奶香玉米土司丢进烤炉，心里又默念了几遍早会的内容。忽然发现起太早了，连猫咪都还懒懒地待在窝里没出来，于是从冰箱里搜刮出几样蔬菜，干脆做个罗宋汤吧。切切煮煮，不一会儿，屋子里就开始弥漫着混着奶香玉米麦子的香气。早餐做完，焦虑感消失了。吃完早饭还有时间，浇花喂猫。待一切停当，心态完全放平。没什么大不了嘛，最差无非就是说错话被人笑话呗，那就让大家乐一乐吧，也没什么不好的。

没有什么大不了　素罗宋汤

今日餐单 *menu*

素罗宋汤，奶香玉米土司，小三角奶酪。

材料 *ingredient*

素罗宋汤（番茄、土豆、卷心菜、洋葱、胡萝卜、番茄酱、面粉），玉米土司，小三角奶酪一块。

素罗宋汤

1 将做罗宋汤的所有蔬菜切丁，卷心菜撕小片。

2 平底锅把面粉小火炒至微黄备用。

3 铸铁锅烧热丢一小块黄油进去，融化后加洋葱煸炒出香味，继续加入土豆、胡萝卜、卷心菜、番茄翻炒，添水煮炖至土豆、胡萝卜变软即可。

4 面粉倒入汤锅中搅拌，继续煮 10 分钟。

5 出锅前调入盐、糖、黑胡椒和番茄酱即可。

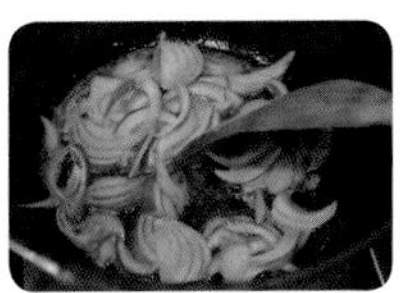

· 面包撕成小块蘸罗宋汤一起吃真是美妙无比。

· 做罗宋汤时，洋葱加黄油一定要煸炒时间长一些，这样汤更香浓。

●猫宁，时常会怀念家乡的海。心情不好时，到海边坐坐，闻着海的味道，吹吹海风，遥望一望无际的海面和地平线，觉得任何烦恼都显得那么渺小。来到这个城市，看不到海了，心情不好的时候就喜欢去书店，嗅嗅书香也足够让心情平静。现在，我又寻到了另外两样放松法宝，烧饭和养花。悉心打理植物的时候和专注于做菜的过程，让人心静。此时，任何烦恼都被抛到爪哇国去了。这大概就是兴趣的魅力。

今日餐单 *menu*

泡菜饼，黑豆红豆豆浆，葱油蚕豆，牛奶玉米土司。

材料 *ingredient*

豆浆（黑豆、红豆），泡菜饼（韩国辣白菜适量、面粉1杯、鸡蛋1只），新鲜蚕豆，玉米土司。

制作过程 *recipe*

1 豆子洗干净放入豆浆机，按“五谷豆浆”键。

2 辣白菜切碎，打一只鸡蛋进去搅匀。加干面粉、水、盐，调成泡菜面糊。平底锅倒入适量的油，加热，泡菜糊入锅摊平成薄饼，煎至两面金黄即可出锅。

3 蚕豆开水焯一遍后入油锅煸炒，加葱花，加盐、糖调味，炒至变软即可。

· 泡菜饼的原料可以自己自由搭配，比如火腿、口蘑、香菇、土豆丝等等，都是不错的选择，看自己喜好吧。泡菜饼吃的时候可以蘸海鲜酱油哦。

●猫宁，一起出门，你坐班车，我坐地铁。这个画面已经成为我生活画里每天必抹的一笔。不论是阳光明媚的艳阳天、细雨纷飞的梅雨天、干燥晴朗的秋爽天还是湿冷阴暗冬雨天。心里有装着的人和事儿，小日子过起来总那么欢愉。

今日餐单 *menu*

轻乳酪蛋糕，鲜榨橙汁，鲜果核桃酸奶，水果。

材料 *ingredient*

轻乳酪蛋糕（奶油奶酪（cream cheese）250g，原味酸奶 150g，细砂糖 100g，鸡蛋 4 个，动物性淡奶油 100g，低筋面粉 66g），水果，核桃仁，酸奶。

制作过程 *recipe*

1 将活底膜取出用锡纸包上，蛋糕膜壁上抹一层软化的黄油放入冰箱，鸡蛋将蛋白和蛋黄分离备用，所有材料称重，烤箱 160度预热。

2 将奶酪、淡奶油、酸奶从冰箱拿出，称好分量直接放入搅拌器打至顺滑无颗粒的状态，倒进大碗备用。

3 加入蛋黄，并用打蛋器搅打均匀。

4 筛入低筋面粉，用橡皮刮刀拌匀。

5 再用打蛋器将奶酪面糊打均匀，放入冰箱冷藏。

6 接下来打发蛋白，用打蛋器把蛋白打到成鱼眼泡形状时，加入 1/3 的糖继续打；蛋白打到比较浓稠的状态时再加入 1/3 糖；待到表面开始出现纹路的时候，加入最后 1/3 的糖。直到把蛋白打到接近硬性发泡的程度（打发好的蛋白应该是提起打蛋器后能拉出一个尖尖的角并稍微弯曲）。

7 把奶酪糊从冰箱拿出，挖 1/3 的蛋白糊到奶酪糊里，用刮刀从底部向上翻的方式上下翻拌，均匀后把剩下所有的蛋白糊倒入奶酪糊里，拌匀。

8 最后将蛋糕膜外部用锡纸包好，因为我用的是活底膜子，所以为了防止水进入蛋糕必须要用锡纸包好。往烤盘上倒入热水，送进烤箱中层，上下管同时加热 160 度烤 70 分钟。

●猫宁，经常会被问到早上有时间做丰富无比的早餐，是不是不用上班之类的问题。回答当然不是啦。我只是稍微起来得早一点，手脚利索一点。和大部分朋友一样，普通上班族一枚，而且是每天八点半必须要坐进办公室里开例会，迟到一分钟都要被扣钱的苦命设计师。因为实在讨厌上班，会经常装病在家，但通常都不敢发微博，那样会暴露自己的行踪。做早餐也是我起床的重要动力。这辈子的梦想，就是用自己的方式自由自在地生活。

今日餐单 *menu*

黑芝麻糊，法棍tapas，煎蛋，樱桃。

材料 *ingredient*

法棍tapas（法棍4片、虾仁、洋葱、青豆、马苏里拉芝士、盐、番茄酱），速溶芝麻糊 2 包，牛奶，鸡蛋，樱桃。

制作过程 *recipe*

1 法棍面包切片后抹上番茄酱，铺上青豆、虾仁和洋葱，撒点盐，再撒上一层马苏里拉芝士，烤箱 170 度预热，上下火烤一刻钟。

2 鸡蛋，平底锅中小火慢煎，可单面煎成溏心蛋，也可双面煎。

3 备好热牛奶和适量温开水，缓缓冲入芝麻糊粉，边冲边搅，直到变成细滑的芝麻糊。

4 樱桃洗净装在好看的碗里。

· Tapas，西班牙国粹级的小吃。品种丰富多样，分量比较小，吃起来随意。可以是面包类的，可以是烤章鱼、烤肉串，或者烤蘑菇。应该说Tapas不但是食物的种类，更代表一种生活方式。食客们进店，先买一杯红酒，然后要一份蘑菇，不急不忙地吃完，和朋友聊着天，再到另一家店去吃烤辣椒。方便，随意，享乐，几样小食，几杯小酒，快乐地聊天，一个晚上可以换几个地方吃。这就是Tapas精神。

●猫宁，今年的夏天很羞于露面，每次看着温度似乎要高起来的时候总有一场雨将它赶走。赶在梅雨来临之前把该晒的东西都搬出来，让他们和阳光亲密接触，等梅师姐一到，它们也就只能在记忆里回忆太阳的馨香了。刚到南方时不习惯这黄梅天，觉得会把人闷死，小雨淅淅沥沥，给人浑身粘腻腻的不爽快感，好多东西还会发霉。最痛恨的是，洗的衣服阳台上都挂一溜儿了，你也分不清它是干的还是湿的。导致我现在拉开柜子，袜子和内衣浩浩荡荡以绝对性数量的优势压倒其他种类衣服，再长的梅雨季也够换！总之，大体是不喜欢梅雨季的。不过，它也有它的好处，比如出行不用洗车，比如梅子在这个时期成熟，还有，梅雨阴霾过后会有湛蓝天空。

阳光总在风雨后　木瓜花生思慕雪

今日餐单 *menu*

木瓜花生思慕雪，糖醋紫甘蓝，热狗卷和面刺猬。

材料 *ingredient*

思慕雪（木瓜肉1/4个、花生酱2大匙、牛奶适量），紫甘蓝，热狗卷，面刺猬。

制作过程 *recipe*

1 热狗卷和面刺猬上蒸锅蒸10分钟左右。

2 木瓜肉和花生酱还有牛奶一同放入搅拌机打匀。

3 紫甘蓝切丝加糖和白醋拌匀。

·思慕雪，英文名smoothies，中文名思慕雪、思慕、果昔等。

思慕雪是一种健康饮食概念，它基本上是一种杯中的健康食品，思慕雪的主要成分是新鲜的水果或者冰冻的水果，用搅拌机打碎后加上碎冰、果汁、雪泥、乳制品等，混合成半固体的饮料。这种饮料类似沙冰，但是与沙冰不同的是它的主要成分为水果，而市面上奶茶店的沙冰多是用果粉、香精等冲兑后与碎冰混合而成的。思慕雪含有丰富的酵素。酵素是一种由氨基酸组成的具有特殊生物活性的物质，它存在于所有活的动植物体内，是维持机体正常功能、消化食物、修复组织等生命活动的一种必需物质。

伪球迷也疯狂　泡菜土豆丝饼

●猫宁，最近足球赛事正紧，我这个伪球迷看球正欢，每天晚上上闹钟，半夜爬起来支持自己喜欢的球队。早上顶着两只熊猫眼去上班时，感觉都是飘着过去的，十分佩服自己的毅力。周末我要睡它个天昏地暗，山无棱，天地合，我也不醒来。早上出门前望了一眼，种在阳台上的生菜破土发芽了。

今日餐单 *menu*

泡菜土豆丝饼，营养米糊，煎芦笋，油桃。

材料 *ingredient*

米糊（红豆、大米、黑米、薏仁），泡菜土豆丝饼（土豆1个、泡菜100g、鸡蛋1个、面粉一小碗），芦笋。

制作过程 *recipe*

1 红豆、大米、黑米、薏仁装一量杯，洗净倒入豆浆机，按“营养米糊”键。

2 土豆去皮擦丝，泡菜切碎倒入土豆丝，打进一个鸡蛋拌匀，筛入面粉，慢慢加入清水调成糊状，盐、糖调味。平底锅烧热淋少许橄榄油，舀一勺土豆丝糊到锅底，用锅铲摊平，中小火慢煎至金黄焦脆翻面再煎。

3 烙完饼的锅，留底油煎芦笋，撒盐和黑胡椒粒调味。

· 泡菜的分量根据喜好，喜欢吃可以多放点，不喜欢吃就少放点。

· 如果有洋葱和火腿的话，加点洋葱丝和火腿丝会让泡菜土豆丝饼更加有风味。

· 夏天多吃点薏仁，排水去浮肿。

●猫宁，旅行的行李已经收拾好，今年的第一次旅行。目的地是个一直住在我心里的小城。做上磁悬浮，一路飞一样地到达机场，托运行李，上飞机，早晨第一班飞机通常不会延误。这个小城是我当年差点选择的地方，但命运有时喜欢开玩笑，最终我未能如愿。如今站在她的街上，觉得一切都不陌生。那些可爱的手工瓷器工作室总是让我流连忘返，驻足很久，看每一样都是心头好。最后多亏某先生任劳任怨像老黄牛一样把我的两大箱宝贝完好无损地拖了回来，回来即刻给他做好吃的！

有缘再相见　三文鱼寿司卷

今日餐单 *menu*

三文鱼寿司卷，鸡蛋，凉拌万年青，酸奶，火龙果，橙汁。

材料 *ingredient*

凉拌万年青（脱水万年青、熟芝麻、酱油、盐、糖、香醋、芝麻油），鸡蛋2个，寿司1盒，红心火龙果，蓝莓，酸奶。

制作过程 *recipe*

1 万年青提前泡发，开水焯熟后挤干水分，用盐、糖、酱油、香醋和芝麻油拌匀，最后撒上炒熟的白芝麻。

2 鸡蛋煮熟用切片器切片，酸奶加入水果和蜂蜜。

· 天气炎热，早餐尽量做些不用开火、少油、开胃又营养丰富的食物。

●猫宁，常常幻想自己家就是一个咖啡餐馆，大多数时候食客只有我们两个，偶尔会来一大帮子人。在我这个餐馆吃饭的共同特点是，不~用~花~钱~并且以吃的多少来记下次是否有入场券。吃得越多本老板娘越开心，欢迎下次光临。餐厅里的所有东西都是我亲手布置，大到桌椅板凳，小到杯垫筷架，都亲自挑，亲自选，还会根据心情时常把家具格局来个乾坤大挪移，或者重新粉刷个墙壁，让你下次来品尝的时候感觉像走进一家新的餐厅。餐厅的菜单永远都不会重复，因为掌勺的老板娘做菜从来没有章法，想到哪儿做到哪儿。但万变不离其宗，永远都是我的味道。

今日餐单 *menu*

玫瑰银耳炖桃胶，可可戚风蛋糕，野莓果酱，鸡蛋火腿沙拉。

材料 *ingredient*

玫瑰银耳炖桃胶（桃胶 15g，玫瑰花若干朵，银耳 1 朵，冰糖适量），戚风蛋糕，沙拉、鸡蛋、火腿、蔬菜。

制作过程 *recipe*

1 戚风蛋糕放回烤炉加热片刻。

2 鸡蛋煮熟，火腿切丝，蔬菜撕成小片，小番茄对半切，所有材料用盐、苹果醋、黑胡椒碎粒和橄榄油拌匀即可。

玫瑰银耳炖桃胶

1 桃胶要用清水浸泡 10 个小时以上，直到没有硬芯。银耳前一天晚上就泡好。

2 泡发的银耳去蒂，切成小块。

3 泡好的桃胶用手把它捏碎。

4 桃胶、银耳一起放入锅内，加适量水。大火烧开转小火慢炖 1.5 ~ 2 小时，直到粘稠。如果喜欢更粘稠的银耳和桃胶，可以继续加长炖制时间。

5 银耳粘稠后，放入干玫瑰花蕾和冰糖，慢火烧至冰糖溶化即可。

· 桃胶，就是桃树溢出的胶质。

· 这款炖品美容养颜、滋阴润肺、益气清肠、补脾开胃。另外桃胶有清火的功效，适合夏天吃。

偶然的收获 爽口泡菜

●猫宁，那天下班的时候逛家门口的超市，发现一个大叔推着小车卖杂货，看到了一个超大的密封罐，15元，宝贝样地抱走。顺便买了很多蔬菜，回家洗净切片切块塞入罐子做起了冰镇泡菜。真的好大一只大肚罐，够吃一整个夏天。

今日餐单 *menu*

橙汁，蒜香面包，煎蛋，蜜瓜，爽口泡菜。

材料 *ingredient*

蒜香面包1条，鸡蛋2个，蜜瓜半个，泡菜1小碗，橙汁2杯。

制作过程 *recipe*

1 面包房里买的青蒜面包，一个长条状切成方便吃的小方块。

2 煎蛋一个单面煎，一个两面煎。

3 蜜瓜切开。

爽口泡菜

材料

密封罐1个。

白萝卜1根，胡萝卜1根，黄瓜1根，红、黄彩椒各1只，菜几片，尖辣椒几只。

步骤

1 各蔬菜洗净，白萝卜、胡萝卜、彩椒切条，黄瓜切片，卷心菜撕小块，放入罐中。

2 加入300ml白醋，60g白糖，30g盐，6小片香叶，几十粒花椒，两粒八角（用专业的量勺）。

3 用手压一压菜，如果液体没有没过泡菜继续加矿泉水没顶。

4 密封好放入冰箱冷藏5个小时以上就可以吃了。

●猫宁，阳光特别好，空气很清新，楼道被打扫得干干净净，没烦恼的一天。一直本着凡事最好靠自己的原则，在生活上反而轻松许多，也简单许多。不会每天攻于心计地想着如何去占别人便宜，天底下，没有谁是十足的傻瓜，如果真要是个傻瓜，那更要把他那份天真保护起来。我天生笨，不会讲漂亮话，只会埋头干。还经常因为说话不经大脑，又过分热心，而盲目答应别人很多事情。又是一根筋的货，把信誉看得比天大，答应别人的事如果不去做就会心里疙瘩得要命。圆滑更是这辈子和我无缘。好在身边的朋友都是大方实在的人，大家在一起说的都是真心话。这样生活挺好，让聪明的人和聪明的人去玩吧，谁不嫌弃我？我来当你的朋友吧。

今日餐单 *menu*

苦瓜煎蛋，桂圆核桃全麦包，西瓜，牛奶，咖啡。

材料 *ingredient*

苦瓜煎蛋（鸡蛋2个、苦瓜1/4根、胡萝卜1/2根），面包1只，西瓜，牛奶，现煮咖啡。

制作过程 *recipe*

1 胡萝卜洗净先切片，再改细丝，然后切丁备用。
2 苦瓜洗净对半切开去瓤，再每个对半切，改刀切成小薄片。
3 取一小锅，加入清水、盐、料酒，煮开后倒入苦瓜薄片，焯至变色后倒入滤网中，沥干水分。
4 鸡蛋打散，加盐、糖、蒜粉、五香粉搅匀，再加入苦瓜薄片和胡萝卜丁搅匀。
5 平底锅加热，加入适量油，晃动锅子，使锅底布上一层油即可，倒入苦瓜蛋液，用小火慢慢煎至底部凝固，翻面继续煎另一面，两面都煎至金黄就可以取出放在案板上，切小块装碟就可以了。

失之无忧，得之快乐　杂菜丁可乐饼

●猫宁，分享一段美文：我们把生活看得越高，生活给我们的压力越大，挤走原本属于我们的快乐越多。生活无须仰视，它如拂风无痕，如细雨无声，吹动着暗涌的情愫，浸润着凡尘的沧桑。只要钟情于生活，人生的行囊就不会空乏：淡之喧嚣，坐拥宁静；远之富贵，结伴山水……失之无忧，得之快乐，此谓生活。

今日餐单 *menu*

杂菜丁可乐饼，煎香肠，可可味的香蕉牛奶思慕雪，大西瓜。

材料 *ingredient*

杂菜丁可乐饼（大土豆1个、洋葱小半个、杂菜100g左右、鸡蛋1个、面粉适量、面包粉适量、适量盐、糖、黑胡椒粉和黑胡椒碎粒），香蕉2根，牛奶适量，香肠2根。

制作过程 *recipe*

1 煎可乐饼。

2 锅底余油煎香肠。

3 香蕉、牛奶、可可粉一同装入食物搅拌机内，打成可可味的香蕉思慕雪。

杂菜丁可乐饼

1 土豆洗净放入铸铁锅煮半小时到熟，可以用筷子插下看是否熟透。

2 将煮好的土豆取出放凉，放置室内风干。这样减少土豆内的水分，更容易成型。

3 将洋葱切碎备用，杂菜从冷冻室取出装小碗里放入冷藏。

**********以上步骤都是头天晚上准备好**********

4 锅内倒入少许油，烧热后下入洋葱碎炒香，炒软后倒入杂菜，继续翻炒，加入少许的盐、糖，再加入一些黑胡椒粉和碎粒调味，拌匀后即可关火。

5 将炒好的洋葱肉末倒入土豆泥中拌匀，馅料与土豆泥的比例可以为1∶1（所以我一个大土豆其实是用不完的）。

6 将混合好的土豆泥分成若干份，用手搓成椭圆形饼，然后再依次裹上面粉、蛋液、面包糠，这样可乐饼半成品就做好了。

7 最后只需炸或煎成金黄色就可以了。土豆泥和馅料都是熟的，所以不需要炸太久，只需将外皮炸至金黄酥脆就可以了。炸的时候注意火候，勤观察，勤翻动。

●猫宁，夏休一周，回娘家。从早上吃完一个芸豆大包子后，我已经在我的床上躺了一个多小时了，什么也不干，就盯着被风吹得一飘一飘的窗帘。清凉的风，外面有一点嘈杂的声音，没有刺眼的阳光，昨天下过雨现在有点雾气腾腾，空气里时不时夹杂着海的味道。感觉好像穿越了，周围一切都好可爱，熟悉又陌生。妈说就盼着我回来好一起逛街一起吃好东西。陪老妈吃了麻辣小火锅，又找她去吃了甜品和马卡龙。妈说好吃，我说之前没吃过？妈说，吃过，但都没跟你一块吃觉得好吃。我的眼睛马上储满激动的泪花，老妈接着说，看胖子吃东西就是香。

今日餐单 *menu*

金枪鱼口袋三明治，茄汁豆子，橙子茶，牛奶，葡萄。

材料 *ingredient*

茄汁豆罐头1罐，三明治（切片面包4片、金枪鱼罐头1罐、蛋黄沙拉酱、盐、黑胡椒粒），自制橙子茶1勺。工具：口袋三明治模具。

制作过程 *recipe*

1 面包去边，用擀面杖擀扁备用。
2 鲔鱼肉+一匙蛋黄酱+少量盐+适量黑胡椒碎粒，捣碎拌匀。
3 准备好口袋三明治模具，在一面擀好的面包上面放上拌好的金枪鱼馅。
4 盖上另外一片面包，放到模具里，合上模具，用力一压。
5 压好的口袋三明治边边可能会有不齐，拿刀切下就可以了。

●猫宁，早上被雨声吵醒，起身做早饭。旅行带给我们的不仅是美好的回忆，还有当地可爱的物品。它就是一段记忆的塑封，像一个符号似的摆放在那里。每次看到它的时候，关于那段记忆便被开启，于是原地做一回呆子，任由思绪飞啊飞，飞到那段快乐的路上时光。

让思绪飞一会儿　白菜丝鲜虾云吞面

今日餐单 *menu*

白菜丝鲜虾云吞面，卤味，凉拌小黄瓜，西瓜。

材料 *ingredient*

鲜虾云吞面（白菜心６个、鲜虾云吞６只、面线３两），卤味（豆腐干、鸡翅、土豆），黄瓜半根。

制作过程 *recipe*

1 白菜切丝，葱切碎。锅底倒少量油，油热后下葱花爆香，下白菜丝炒软，添水盖盖，水开后下云吞，待云吞飘起翻滚后将面先下入，两分钟后出锅，盐调味。

2 豆腐干、鸡翅、土豆分别洗净，土豆去皮，铸铁锅内先放入鸡翅，一勺生抽，一勺老抽，一勺黄酒，一大块冰糖，两个八角，一小捏花椒，两大块桂皮，一颗草果，两片香叶，再来勺盐，所有调料放好后添水没过鸡翅，放进豆腐干，盖盖，大火烧开转小火焖半小时，然后放入土豆，翻匀，盖盖再焖半小时。

· 爆锅用白菜炒过的面汤特别鲜美，无需再放任何提鲜调味料。

· 制作卤味也可以直接用压力锅，20分钟即可，省时。

●猫宁，雨下个不停，但丝毫不影响明媚的心情，因为今天礼拜五啦！做早餐时盘算了下晚上要买的东西，因为储藏食物的柜子空了。周五下班后就是例行的囤食物之夜。按惯例，下班后会先和某先生在某地点接头去外面撮一顿，撒花庆祝周末的到来，再然后散步到附近的超市，水果、零食、奶制品，蔬菜鱼肉和小酒，一个都不能少地背回家。看看塞满的柜子，心里甭提多踏实了，就像一个大富翁，守着一矿山的宝藏，周六、周日可以舒舒服服地宅在家里，毫不担心。

今日餐单 *menu*

午餐肉，软法棍，猕猴桃，西瓜汁。

材料 *ingredient*

法棍面包1个，猕猴桃1个，西瓜半个，午餐肉几片。

制作过程 *recipe*

1 午餐肉切片，放到平底锅内稍稍煎热（不放油）。
2 面包切片，猕猴桃切开。
3 西瓜切块，放到搅拌机内打碎，喜欢只喝汁的可以将汁过滤出来（我是连肉带打碎的籽一起吃到肚里了）。

自制美味午餐肉

主料

肥瘦相间前腿肉1000g，大葱半段，淀粉80g，面粉80g，鸡蛋1个，水适量（能将鸡蛋+淀粉+面粉溶解成稀糊糊即可）。

调味料

糖30g，盐30g，生抽30ml，植物油45ml，大蒜粉15g，五香粉20g，红曲粉5g（所有调料的量没有那么严苛和绝对，最好跟着自己的感觉和经验来调，未必要照着我的来，毕竟自己最了解自己的口味）。

步骤

1 猪肉先切小块再剁成泥，大葱切碎末拌入剁好的猪肉泥里。

2 找一个干净盆，放入面粉、淀粉、鸡蛋和水搅拌成面糊糊，稀一点。

3 将面糊倒入猪肉泥里拌匀，开始调味。

4 调好味的猪肉泥顺一个方向使劲搅，以增加肉馅的劲和粘度。

5 事先将准备装肉馅的玻璃盒（或其他容器）里面刷好油，以方便脱模。

6 搅拌好的猪肉泥装入玻璃盒，压实，盖上盖子入蒸锅，水开以后再蒸 40 分钟即可。

7 出锅的肉晾凉后脱模切片。

· 红曲粉，起到染色的作用，使做出来的午餐肉看起来肉粉色，和外面买的一样，红曲粉是天然粮食提取的，家里没有的可以不放。

· 也可以往肉里加孜然粉或辣椒粉，做成孜然味或辣味的风味午餐肉。

秋
Autumn

●猫宁，多云。和时间赛跑的话，我们从来没机会当赢家，与其着急地赶，不如悠闲地享受。享受一个长长的夏天，让那份炎热印象深刻，于是当秋天来的时候会格外喜欢它的秋高气爽。吃完一顿朴实的家常饭，趁着好天气，打扫打扫房间，抖擞抖擞衣服被褥。穿不上的衣服统统拿到社区衣物回收站，不称心不美的东西索性扔掉，为每一盆花松松土施点肥，所有的窗帘布艺换上秋天的风格。累了，就在阳台小花园扎个小凳，泡点清茶。晚上散个步，闻闻空气里的桂花香，跟阿婆打声招呼，从她窗前的桂树上摘下一枝，将秋天带回家。

与其和时间赛跑，不如悠闲地享受　薄脆葱油饼

今日餐单 menu

薄脆葱油饼，菠菜鸡蛋汤，小番茄，小香肠。

材料 ingredient

葱油饼（面粉180克，开水120ml，盐少许，葱花适量，食油适量），菠菜鸡蛋汤（鸡蛋2个，菠菜1把）。

制作过程 recipe

葱油饼

1 面粉、开水和少许盐放大碗里揉搓成光滑的面团，用湿布盖好醒一刻钟备用。
2 醒好的面团分成几等份，擀成圆形。
3 擀好的圆饼先涂上一层油，再均匀地撒上盐和葱花。
4 卷成条状收口捏紧。
5 再盘成圆饼形收口，同样要捏紧。
6 再擀成圆形，大小同2。
7 平底锅，淋少许油，小火煎香，两边金黄，便可切块装盘。

菠菜鸡蛋汤

1 鸡蛋打散，菠菜洗净切大段。
2 汤锅里添水烧开后将菠菜放入，冲入蛋花，加盐调味。

· 因为是准备早上的早饭，所以图上第5步之前（包括第5步）都是头一天晚上完成，放冰箱里冷藏保存，早上吃的时候擀圆烙熟就好。

· 菠菜鸡蛋汤里放点虾皮会更鲜美。

●猫宁，趁着秋高气爽，温度刚刚好的时候约上朋友去公园郊游吧。为了这一天，特意去买了新鲜水果、烤紫菜和鸡翅。准备为大家卷一些寿司，烤几盘鸡翅，在顺道烤些小点心。到时拎着我的野餐篮，食物分类放进去，还要背上帐篷，万一风大或有人要睡午觉，帐篷是不二之选，噢对了，野餐垫也是万万不能忘记的。再烧上一大壶热茶，准备停当，出发。帐篷、野餐垫、茶壶他包揽，我只负责漂亮的野餐篮。

一起郊游吧　港式鸡蛋炒面

今日餐单 *menu*

港式鸡蛋炒面，豆浆，杨桃和橙子。

材料 *ingredient*

港式鸡蛋炒面一包，香肠，芹菜，香菇，蒜茸，老抽。

制作过程 *recipe*

1 港式鸡蛋炒面一包，开水里煮一分钟过冷水备用。

2 香肠、芹菜切薄片，香菇切厚片，油热后放蒜茸炒香，下香肠煸炒出油后把芹菜、香菇放进去翻炒均匀，盐、糖调味。

3 面条从冷水里捞进锅中，翻炒，淋适量的老抽炒匀即可。

· 炒面可根据自己的口味添加喜欢的佐料和配料。

●猫宁，秉承我吃到哪儿学到哪儿的好习惯，又偷师来一道土司的新吃法。开始看到这个新奇做法的时候觉得眼前一亮，三秒钟之后马上开始思考，鸡蛋是怎么弄进去的呢？也在网上查找，但看到的都是把面包掏个洞，然后把鸡蛋打进去填补这个洞。摇头，好好的面包干嘛要掏个洞呢？掏下来的面包再另外想办法制作？眯着眼想了想，有了！找来合适大小的玻璃杯，使劲在面包上面压出一个凹槽，鸡蛋打进去，然后进烤箱烤。简单快捷，甚至连面包渣都没掉，就让这个平头土司一秒钟变华丽丽了！看来不胡乱跟风，适合自己的才最重要——这个原则任何领域都可以使用呢。

创意无处不在　塔蛋土司

今日餐单 *menue*

塔蛋土司，煎蔬菜，蘑菇炒蛋，樱桃，杏仁黑豆浆和麦仔茶。

材料 *ingredient*

塔蛋土司（白土司2片、鸡蛋2个、培根1片），芦笋，紫橄榄，鸡蛋，蘑菇，樱桃。

制作过程 *recipe*

1 杏仁、黑豆提前泡好后倒入豆浆机。
2 找一个直径大小合适的玻璃杯，分别把两片土司中间按压出一个圆形凹槽。
3 烤箱170度预热，两只鸡蛋分别打入两片土司的凹槽，培根切小块分别放在四角。
4 撒上盐、黑胡椒粒，入烤箱烤十分钟左右。出炉后表面撒点欧芹碎。
5 鸡蛋打散，平底锅内油热后先放入蘑菇翻炒，之后倒入蛋液，待蛋液凝固用盐、糖调味即可。
6 芦笋、紫橄榄可以加少许蒜茸和黄油慢煎。

· 做塔蛋土司，最好选择小个头的鸡蛋和厚实的土司。

照顾好自己，让妈妈放心　烤鸡蛋番茄盅

●猫宁，妈妈来了。妈妈每次来都会带好大一箱家乡的海鲜。打开盖子，里面品种丰富，应有尽有，能感受到她恨不能将整个海鲜市场搬到我这儿。怕我吃着麻烦，每一样海鲜妈妈都给收拾得干干净净，可以想象她为了这箱要忙碌多久。常年不在父母身边，抓紧机会给妈妈做顿可口早饭。妈妈吃得很开心，对我们每天从早饭就可以把自己照顾得很好表示很欣慰。

今日餐单 *menu*

烤鸡蛋番茄盅，红豆粥，荞麦核桃仁土司，花生酱，蒜香面包，烤薯饼，黑莓。

材料 *ingredient*

番茄盅（番茄3只、鸡蛋3个、青豆适量、胡萝卜丁适量、玉米粒适量）。

制作过程 *recipe*

1 番茄顶部横切一刀，掏空，底部如果放不稳就薄薄切下一片。

2 鸡蛋打散，加盐、糖、黑胡椒调味。

3 油热后，葱花炒香后下杂菜炒软，蛋液倒入，稍凝固后用筷子快速搅动翻炒两下，关火。

4 装入番茄，盖上盖子，锡纸裹好，烤箱预热后200度20分钟。

· 超市有卖混合好的青豆胡萝卜玉米，是冷冻的。

●猫宁，大多数时候，我们的生活都是平平淡淡的。大部分时候，我们的心情都是平平静静的。没那么多轰轰烈烈，也没那么多大起大落。起床，吃顿早餐，穿上满意的衣服，出门上班，等红灯，过马路，坐地铁，白天和同事相处，晚上和家人相伴，听听新闻，看看电视，逗逗猫，睡觉，再做一个淡淡的梦。爱情也不再是独立出生活的一种精神体验，而是彻底揉碎融化和生活合为一体。你看着他，他看着你，也许没了当初的脸红心跳，却有了份永远牵手相伴的承诺。

生活并不像电影一样轰轰烈烈　午餐肉米粉

今日餐单 *menue*

午餐肉米粉，苹果汁。

材料 *ingredient*

米粉，自制午餐肉，鸡蛋，黄瓜丝，酱菜。

制作过程 *recipe*

1 水开后将米粉煮熟，简单调味后盛出，放上黄瓜丝、煎蛋和酱菜丝，午餐肉切片煎一下盖在米粉上。
2 午餐肉的做法请参照前面。

· 早餐吃面、米粉，是简单又营养全面的一种选择。
· 不管早餐的选择是中式还是西式，鸡蛋每天都要吃一个。

有朋自远方来，不亦乐乎　水晶肴肉

●猫宁，朋友远道而来投宿家中，于是早上添了双碗筷变成三个人吃饭。用高粱、麦仁、荞麦、小米、燕麦和糙米磨了秋季养生米糊，烙了葱油饼，水晶肴肉，凉拌海带丝，蒸芋头和白煮蛋。朋友说，葱油饼是他吃过的最好吃的葱油饼。

今日餐单 *menu*

水晶肴肉，薄脆葱油饼，米糊，白煮蛋，蒸芋头，凉拌海带丝。

材料 *ingredient*

葱油饼（面粉 180 g，开水 120 ml，盐少许，葱花适量，食油适量），鸡蛋，芋头，米糊（大米、糯米、荞麦、高粱）。

制作过程 *recipe*

1 糙米、糯米、高粱、麦仁共一杯，头天晚上泡好，早上用豆浆机的“营养米糊”功能磨米糊。如果豆浆机没有营养米糊功能，就用磨豆浆功能。

2 芋头冷水上锅，水开后蒸 15 分钟便可。

3 芋头蒸上之后开始煮鸡蛋。想吃什么口感的，自己控制时间就可以了，想吃蛋黄嫩的就煮得时间短一点，想吃老一点的就煮得久一点。

4 一切该蒸、该煮的都做上之后，将冰箱里提前准备好的葱油饼拿出，不用解冻直接放入平底锅内煎熟。

5 水晶肴肉切片，海带丝简单凉拌。

想爱就爱，想走就走　叉烧鸡蛋面

●猫宁，经常下决定很快，是个不爱墨迹的人。又十分爱旅行，经常一拍大腿就走人。但大部分时候，有了目的地后都会潜心研究下当地吃住行的攻略，然后每天按时起来去完成指定好的线路，路上会给朋友寄去明信片。但也有这样的时候，不看攻略，只买张地图，睡到自然醒，走到哪儿看到哪儿吃到哪儿，或者找个环境不错的咖啡馆消磨一下午。不管是驴游，还是懒人游，寻找美食都是最重要的目的。通常会在旅行的最后一天，买些当地的调味料和土产回去增加自家餐桌的风味，再带些当地美食回去给朋友分享。我做饭的很多灵感都是从路上学来的。

今日餐单 *menu*

叉烧鸡蛋面。

材料 *ingredient*

自家压的面条，自家做的叉烧，青菜，姬松茸。

制作过程 *recipe*

1 用橄榄油轻轻将蒜茸（或葱花）煸出香味，添水盖盖。

2 把泡好的姬松茸撕成条放进去，煮开。

3 水开后放面条，煮到八成熟的时候，放两个鸡蛋，再抓把青菜放进去。

4 简单地用盐、糖和生抽调味，将叉烧切片码在上面就可以了。

自己压面条

1 面粉过筛打入鸡蛋和匀。

2 慢慢加入60ml清水，将面揉成光滑面团。

3 盖上干净的布子放到一边醒一刻钟（醒面团时可以去准备制作臊子的材料）。

4 臊子材料准备好时，面团也醒好了，揉5分钟左右，使其十分光滑，然后用擀面杖擀成面饼。

5 准备好手摇压面机，将面饼压成薄面片（要反复多压几次，每压完一次就在面片表面撒点干面粉）。

6 压好的面片再压成面条，压好的面条也要撒点干粉，最好是玉米粉。

· 面条头天晚上压好后撒些玉米粉摊在面板上，用干布盖好防止干硬。

· 因为有姬松茸的关系，汤汁浓郁鲜美，无须加额外调味品。

●猫宁，那天，等车时遇到这样一幕，一个穿着病号服的大爷蹒跚着走过来，手中推着自己的轮椅，轮椅上放着一副拐杖。他的步伐很小，速度很慢，车站边上是个小街心花园。老大爷走到我们跟前时在草地台阶停住，我以为他要上台阶去小花园，就跟某先生合计去帮老大爷抬轮椅，却看到大爷站稳后颤巍巍地拿起自己的拐杖，用拐杖勾出被丢弃在草地上的垃圾，然后捏着垃圾推起轮椅又颤巍巍地走了。大爷，你是我们的榜样。

今日餐单 *menu*

五谷养生米糊，西葫芦糊塌子，糖拌番茄。

材料 *ingredient*

西葫芦糊塌子（西葫芦1根、鸡蛋2个、面粉、橄榄油、盐、黑胡椒），五谷米糊（大豆、大米、小米、小麦、高粱、水），番茄。

制作过程 *recipe*

1 将五谷洗净提前泡好，放入豆浆机打成米糊。
2 西葫芦用擦丝器擦成丝，撒点盐，用手揉匀。
3 将两个鸡蛋打入西葫芦丝中，再加入适量的黑胡椒调味拌匀。
4 倒入一小碗面粉和适量的水，拌成均匀的西葫芦丝糊。
5 平底锅烧热后淋少许橄榄油，舀一勺西葫芦糊放入摊平。
6 中小火煎至两面金黄即可。
7 番茄切块均匀地撒上白糖即可。

· 西葫芦糊塌子，是一道比较北方的小吃，味道鲜美，风味独特。

· 五谷养生，一谷补一脏。大豆养肾，大米润肺，小米养脾，小麦养心，高粱养肝。

●猫宁，早起，洗手做羹汤。定期会打开冰箱，清理下里面的剩余食物，然后周末的时候再买新的填满。今天搜出一根德国香肠，一把青菜，一小块豆腐，还有前一晚没吃完的米饭。就这样，青菜豆腐汤一碗，饭团一枚。最简单的烧法，最本身的味道，朴朴实实。没吃完的饭团用锡纸包好给某先生当午餐，顺便装一盒我的手工泡菜让他带去与同事分享。就这样，又过了普普通通的一天。

今日餐单 *menu*

青菜豆腐汤，饭团，煎蛋，煎香肠。

材料 *ingredient*

青菜1把，豆腐1小块，剩余米饭，海苔，鸡蛋2个，烟熏香肠1根，生抽，盐，糖，寿司醋。

制作过程 *recipe*

1 米饭用微波炉加热后滴点寿司醋，用筷子拌匀。

2 双手沾上水把米饭团成团子，大小随你喜欢。

3 豆腐切小方块放水里煮开，用盐、生抽、糖、芝麻油调味，青菜洗净、切碎放入锅内后关火。

4 平底锅烧热，倒少量橄榄油，将鸡蛋和香肠煎熟。

· 捏饭团的时候米饭会比较粘手，所以最好在捏之前把双手沾点水，这样就不会粘手啦。

●猫宁，早起，洗手做羹汤。超级爱逛家居用品店，就算没什么要买的，也要每周逛上两三次。看看里面精美的瓷器、茶具、各种收纳筐、锅子、棉的麻的餐垫桌布、质朴的杂货等等，看了会让人心情大好。要是够幸运碰到优惠活动，就毫不犹豫地买上一大堆。好在，某个好好先生始终支持我，他的座右铭是happy wife，happy life。看，多么聪明！

爱是一种包容　青椒茄子馅饼

今日餐单 *menu*

青椒茄子馅饼，黑豆浆，平谷桃，叉烧，蓝莓山竹酸奶思慕雪。

材料 *ingredient*

青椒茄子馅饼（青椒1个、细长茄子2根、面粉300g、干酵母3g、糖、盐、酱油、五香粉、蒜粉、姜粉、油），豆浆（黑豆、黄豆），思慕雪（蓝莓20颗、山竹2个、酸奶200g）。

制作过程 *recipe*

1 黑豆黄豆前一天晚上泡好，早上直接放进豆浆机磨豆浆。

2 把前一天晚上烙的馅饼放在平底锅里加热。

3 蓝莓洗净，山竹去壳挖肉，同酸奶一同放入食物搅拌机打成糊状即可。

青椒茄子馅饼（参考了小白的方子）

1 先用温水融化酵母，加入糖拌匀，面粉过筛后把面和匀揉成光滑的面团，盖上保鲜膜或湿布醒半个小时左右。

2 发面的时候把茄子、青椒切小丁备用。

3 茄子丁、青椒丁加生抽、盐、糖、五香粉、蒜粉、姜粉和两大匙油拌匀。

4 拌匀的丁丁下入锅中小火炒至茄子变软即可。

5 发好的面团擀成条，切成八等份。

6 取一个剂子擀成圆饼，注意要中间厚边上薄。

7 擀好的面皮放上馅包成包子。

8 用手轻压成饼，包好的饼表面涂少许清水，然后沾上熟芝麻。

9 锅烧热放一点油，把饼放入，小火煎2分钟再翻面煎2分钟即可，因为馅料是熟的，所以只要把面皮煎熟就行了。

●猫宁，午后看看窗外美好的阳光无法坐住，拉上某先生去公园。秋天是最适合去公园的季节，阳光温暖刺眼，气温不冷不热。可惜树叶们还依然绿着，只有芦苇荡里的蒹葭苍苍带着些秋的味道。这大概就是南方的秋天多少有些遗憾的地方，好想看金黄的银杏叶。公园里有创意市集和音乐节，听听好听的歌，逛逛有趣的创意手工，租两辆自行车沿着湖边慢慢骑，管他头发被风吹乱也无所谓。

今日餐单 *menu*

鸡蛋牛油果沙拉，燕麦司康，蓝莓、提子、酸奶思慕雪。

材料 *ingredient*

前一晚烤好的司康若干个，沙拉（牛油果1个、鸡蛋2个、盐、蓝莓若干粒，提子干若干粒，酸奶两个。

制作过程 *recipe*

1 鸡蛋煮熟用凉水冰一下后剥皮切小块。
2 牛油果去皮去核切成和鸡蛋等大的小块。
3 鸡蛋同牛油果一起撒盐和黑胡椒碎拌成沙拉。
4 酸奶、蓝莓和提子干放进搅拌机里打匀。

燕麦司康

材料

低筋面粉200g，细砂糖30g，盐1/2小勺，黄油50g，全蛋液40g，牛奶适量，燕麦2大匙（喜欢吃可以多放点），泡打粉1小勺。

制作过程

1 低筋面粉和泡打粉、盐、糖混合均匀。
2 黄油切小块，室温软化和面粉混合，用手搓至黄油与面粉完全混合均匀成沙状。
3 在面粉里加入全蛋液、牛奶，随意抓揉。
5 倒入燕麦，抓成面团（不要使劲揉，以免面筋生成过多影响成品的口感，让所有材料混合就好）。
6 揉好的面团用磨具压成一个个饼状，表面刷蛋液；烤箱200度预热，15分钟左右即可。

●猫宁，《老友记》是我最喜欢的一部电视剧，没有之一。迄今为止看了不止8遍，对很多桥段熟悉到前一句说什么，我能马上说出下一句台词。非常羡慕这几位朋友，每天待在一起，经历着彼此的经历，关注着共同的成长。也经常和朋友们说，以后我们也住同一个小区吧，这样，懒得做饭了就去彼此家里蹭，一周五天大家轮流吃，到了周末，那就热闹了，全部聚到一家，烧烤吃饭喝酒聊天。怀念小时候的邻里情，谁家没酱油了，就差遣自己家小孩去隔壁家借点，那时候要是有老人摔倒，会有一堆人围过来帮忙。那时候……那时候虽然已经远离，但朴素简单的心要继承，做个健康积极的人。

今日餐单 *menu*

五谷银耳米糊，竹碳奶酪土司，午餐肉，小茄子摊鸡蛋。

材料 *ingredient*

小茄子摊鸡蛋（小型嫩茄子1根、鸡蛋2个、盐），米糊（五谷1杯，银耳1朵），土司，自制午餐肉几片。

制作过程 *recipe*

1 五谷（大豆、大米、小米、小麦、高粱）装满一量杯洗净倒入豆浆机，银耳泡发撕成小片一同放入豆浆机，加清水，按“营养米糊”键。

2 茄子洗净切小片，鸡蛋打散加盐调味，平底锅烧热后倒入橄榄油（茄子吸油，可多倒些），将茄子倒入锅内铺满锅底，中火将茄子煎软，撒盐、糖和五香粉，浇上蛋液，待凝固后翻个面即可出锅。

3 土司、午餐肉切片。

●猫宁，秋高气爽的周末。晨起，打开窗户，发现外面淅淅沥沥飘着小雨，新鲜的空气闯进来，湿润又清新，还夹裹着桂花的香气，深吸一口再慢慢呼出，顿时觉得抖擞有活力。庭除洒扫，浇花施肥。这会儿子，屋子清洁一新，温馨安静。剥个甜柿子，舒舒服服窝进沙发，独享这惬意的雨天时光。

今日餐单 *menu*

煎三文鱼，芝巴达紫苏三明治，芝麻菜沙拉，牛奶。

材料 *ingredient*

芝巴达面包 2 个，紫苏罐头，三文鱼，芝麻菜，牛奶，芥末酱。

制作过程 *recipe*

1 带皮三文鱼去鳞洗净，用厨房纸擦干水分，平底锅烧热后倒入橄榄油，待油温稍稍热了，把三文鱼放进去小火慢煎，只用盐和黑胡椒调味。
2 面包横向剖开，夹入紫苏叶。
3 芝麻菜用盐、糖、芝麻油拌匀。
4 煎好的三文鱼盛入盘中，挤上芥末酱即可。

· 芝巴达面包由小麦粉、水、色拉油、调和油、鲜酵母等做成，不含淡奶，软软的，大小适中，当三明治的面包胚正合适。麦德龙有现成的卖。

· 芥末酱也可以换成沙拉酱、蛋黄酱，甚至果酱、老干妈，只要你喜欢。

每个人心里都有一种关于家的味道　胡辣汤

●猫宁，有没有一种味道让你一吃就想起自己的家乡？每个人心里都有一种关于家的味道。妈妈不在身边的时候，我时常想念她包的芸豆包子和炖的黄花鱼。不知不觉中，自己有很多烧菜的习惯都会跟着妈妈走，炖鱼的时候先煎出香味，收锅时要滴点白醋。做馒头时在发好的面里再戗入干面粉，蒸出来的馒头会更有韧劲更好吃。这些宝贵的经验再加上自己生活中实践总结出来的，被我一条一条分门别类排好锁在我的大脑博物馆里，它们还在年年扩。有朝一日，我要将它们一一写到漂亮的硬卡纸上，装到一个木制盒子里，传~家~！

今日餐单 menu

胡辣汤，红糖马拉糕，煎比目鱼，桃子。

材料 ingredient

胡辣汤（木耳、黄花菜、豆腐、鸡蛋），红糖马拉糕（鸡蛋5个、低筋面粉240g、红糖120g、牛奶180ml、黄油100g、泡打粉1大匙、小苏打粉1小匙），比目鱼两小段，桃子1个。

制作过程 recipe

1 木耳、黄花菜泡发，豆腐切块。

2 油热后下葱花炒香，添水，将泡好的木耳、黄花菜和豆腐倒入，盖上盖子，大火烧开后调入盐、糖、生抽、蒜汁、香醋、胡椒粉、五香粉、鲜辣粉，最后打入一个鸡蛋搅成蛋花，勾芡出锅。

3 昨晚蒸好的红糖鸡蛋马拉糕加热即可食用。

简易马拉糕

1 鸡蛋和红糖混合，高速搅打10分钟至褐色浓稠状（全蛋打法有点难，一定耐心多打一会儿，到很浓稠的状态）。

2 黄油溶化和牛奶分别加入蛋浆慢速搅打2分钟。

3 面粉、泡打粉、小苏打混合过筛加入蛋浆，翻拌成蛋浆面糊。

4 磨具裹上锡纸将面糊倒入，上锅大火蒸20分钟（具体时间要看面糊厚薄）。

5 取出晾凉脱模切块即食。

· 胡辣汤以酸鲜和胡椒口味为主，过程中可不断尝试到合适为止。

· 马拉糕，广东茶楼里常见的点心，蛋香十足，清甜可口。此马拉糕是全蛋打发、放红糖的简易做法。

●猫宁，工作日每天都在和太阳赛跑。起床时，它还没出来，下班时，它早已不在。想吃一顿有温暖阳光的早餐或是有夕阳相伴的晚餐何其难。就这样，在忙碌的一天天里，抓住所有能自由支配的时间，将生活能慢且慢地过。

让生活慢点，慢点，再慢点　姬松茸乳鸽汤

今日餐单 *menu*

姬松茸乳鸽汤，红枣山药米粥，泡菜饼，西瓜。

材料 *ingredient*

前一晚细火慢炖了3个小时的姬松茸乳鸽汤，红枣，山药，大米，泡菜，面粉，鸡蛋。

制作过程 *recipe*

1 抓一把米洗净放到小号铸铁锅里，添水加盖大火烧开转小火慢熬。
2 山药切块，大枣切片放入锅中，小火煮20分钟。
3 汤热开，盛出后用糖调味。
4 泡菜切丝，打入鸡蛋，加入面粉，再加适量的水调成泡菜面糊，加盐、糖、生抽调味。
5 平底锅加热后倒入少量橄榄油，舀一勺面糊在锅底摊平，烙到两面金黄即可。

姬松茸乳鸽汤

材料

乳鸽1只，姬松茸8～10朵，枸杞适量，姜3片。

步骤

1 鸽子收拾干净后在清水里浸泡1小时。
2 泡发姬松茸（大概8朵左右），枸杞清洗干净，姜切片。
3 泡好的姬松茸和浸泡过的鸽子一同放进砂锅添满水。
4 枸杞和姜片放进去，盖上盖子大火烧开后文火慢炖3小时左右。

小贴士

1 文火就是最小火，如果没那么多时间那最少也要慢炖2小时。
2 炖的时候不用加佐料，喝的时候加点盐就可以了，这样汤不容易坏，且营养保持最好。

· 秋天里多喝点汤汤水水滋润些。

我以我心换你心　米汉堡

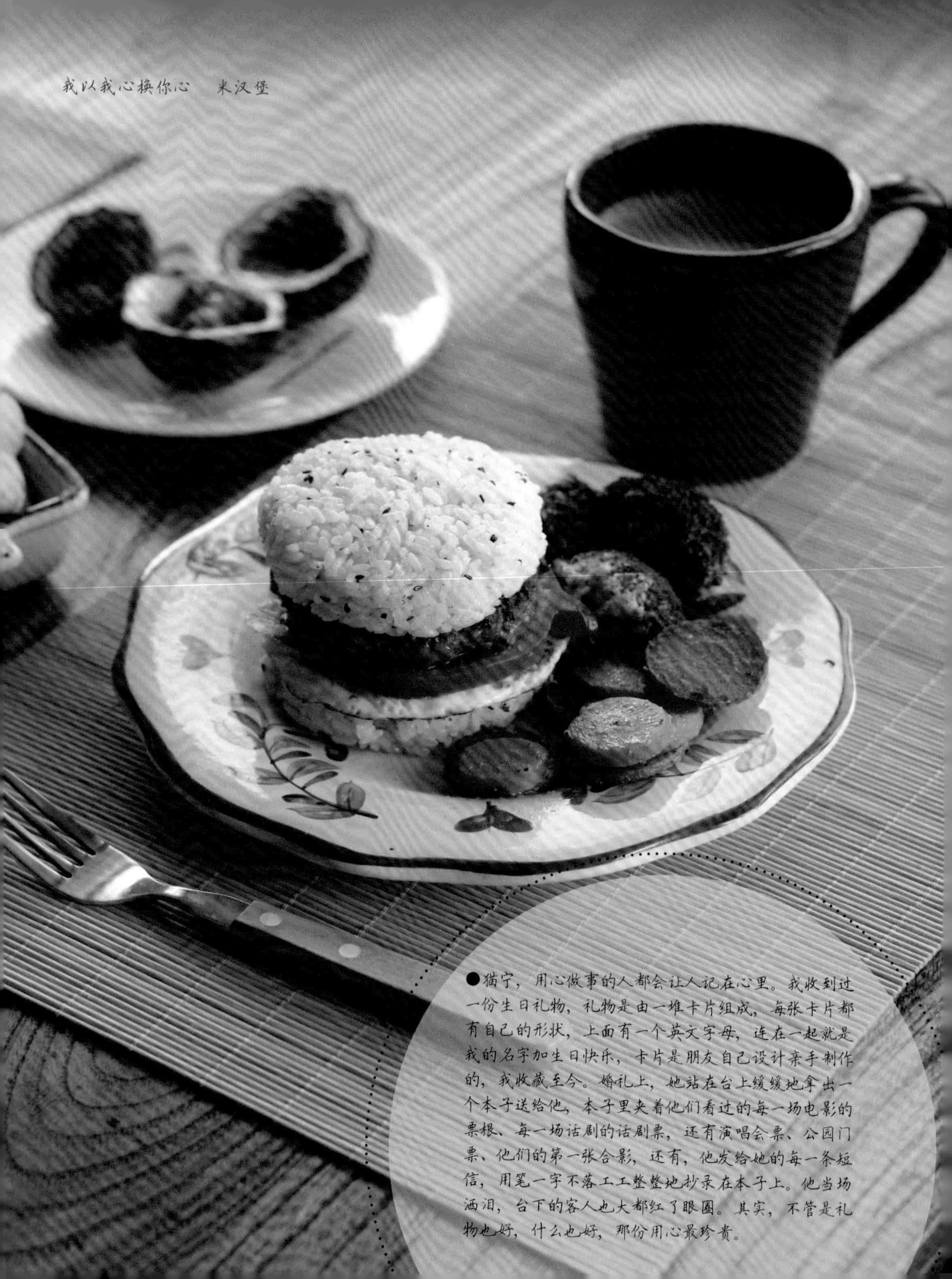

●猫宁，用心做事的人都会让人记在心里。我收到过一份生日礼物，礼物是由一堆卡片组成，每张卡片都有自己的形状，上面有一个英文字母，连在一起就是我的名字加生日快乐，卡片是朋友自己设计亲手制作的，我收藏至今。婚礼上，她站在台上缓缓地拿出一个本子送给他，本子里夹着他们看过的每一场电影的票根、每一场话剧的话剧票，还有演唱会票、公园门票、他们的第一张合影，还有，他发给她的每一条短信，用笔一字不落工工整整地抄录在本子上。他当场洒泪，台下的客人也大都红了眼圈。其实，不管是礼物也好，什么也好，那份用心最珍贵。

今日餐单 *menu*

米汉堡，红豆豆浆，水果。

材料 *ingredient*

米汉堡（前一晚剩的米饭、黑芝麻、番茄、汉堡肉饼、西兰花、胡萝卜），红豆，黄豆，百香果，枣。

制作过程 *recipe*

1 汉堡肉饼在平底锅里煎熟备用，西兰花、胡萝卜开水焯烫备用。
2 煎鸡蛋，番茄横着切圆片。
3 米饭在微波炉里微微加热，加少量的盐、糖和芝麻油拌匀。
4 双手蘸水将米饭团成面饼状，撒上黑芝麻，依次把番茄、煎鸡蛋、肉饼摆好。
5 给西兰花和胡萝卜洒点意大利沙拉醋，装盘即可。

●猫宁，又是一个秋高气爽的艳阳天。不是很爱生吃紫甘蓝，那就放进搅拌机打碎和到面粉里烙饼吧。紫色的烙饼看起来就很有食欲吧，卷上生菜，卷上豆皮肉卷，好吃得不得了。

紫甘蓝也要有鲍鱼的范儿　紫甘蓝烙饼

今日餐单 *menu*

紫甘蓝烙饼，白米粥配肉松，咸鸭蛋，生菜，豆皮肉卷。

材料 *ingredient*

紫甘蓝烙饼（面粉180克，紫甘蓝50g，水50g，盐少许，食油适量），大米1杯，速冻豆皮肉卷，咸鸭蛋，生菜。

制作过程 *recipe*

1 紫甘蓝放入搅拌机加水打成稀糊，紫甘蓝糊倒入面粉，加少许盐，揉匀，分成等大几份，盖上布醒半小时。
2 醒好的面团擀成圆形薄饼，如图所示。
3 擀好的每一张面饼刷上油覆上保鲜膜入冷冻室。
4 早上拿出冷冻的面饼，无须解冻，直接在不放油的平底锅里，小火烙到两面鼓泡就熟了。
5 肉卷是超市买的冷冻品，无须解冻直接放锅里煎，小火煎大约10分钟便熟了。
6 洗生菜，切鸭蛋。

●猫宁，翻我小时候的照片时，就会发现一特点，几乎每张照片都在吃东西，什么爆米花啊、煮鸡蛋啊、冰棍儿啊、糖葫芦啊，站着吃、坐着吃、走着吃、躺着吃，反正就是各种吃。没有人家小女孩那种提着小花裙子啊双手在脸前摆个小花朵啊类似像姑娘样一点的照片。跟我妈抱怨我爸："怎么就不能等我吃完了再拍啊？"妈意味深长欲言又止地看了我一眼，最后说："那就只剩睡觉的时候了。"说完跑到厨房大笑。真不该问啊！

天生的吃货　鸡蛋蔬菜淋饼

今日餐单 *menu*

鸡蛋蔬菜淋饼，五谷豆浆，清炒胡萝卜芦笋，土豆炖牛腩。

材料 *ingredient*

葱花1大匙，胡萝卜1小截，黄瓜半根，面粉200g，玉米淀粉1小匙，盐1勺，鸡蛋1个，冷水300g，芝麻油一点点。

制作过程 *recipe*

1 大葱放平拍扁切成葱花，黄瓜和胡萝卜切成丝。

2 面粉、玉米淀粉和盐混合放入大碗，鸡蛋打散加入冷水倒入面粉中，用打蛋器打成均匀无颗粒的面粉糊。

3 面粉糊放入冰箱冷藏一刻钟后，放入蔬菜丝和葱花，淋入芝麻油拌匀。

4 平底不粘锅烧热刷一层油，舀一勺菜丝面糊到锅底迅速转动锅子将面糊流动摊平。

5 中小火加热到面粉糊凝固定型后翻面再煎1分钟。

· 可以在摊好的淋饼上面打个鸡蛋，摊平，待鸡蛋液凝固后翻面关火，就变成鸡蛋蔬菜淋饼啦。

●猫宁，天开始冷了。天气好的时候，晚上会在家附近的公园跑跑步锻炼下。公园很大，跑跑走走，通常最后一部分路就彻底散步了。望着路边的万家灯火，聊聊天，说说笑，香樟树花和青草的天然香气环绕在夜晚的空气里，身边时不时经过一些同样健身的人儿和正在训练的车队。把草丛里的垃圾顺手捡起来丢进垃圾桶，然后拉着手，回家。

跑跑更健康　安心油条

今日餐单 *menu*

安心油条，日式煎饺，葱油芋艿，黑芝麻豆浆。

材料 *ingredient*

速冻煎饺，黑芝麻，黄豆，安心油条，芋艿。

制作过程 *recipe*

1 提前泡好的黄豆装入豆浆机，加清水再加一勺黑芝麻，打成豆浆。

2 超市买的日式煎饺，不用解冻，在热的平底锅里刷点油，中小火煎，底焦黄后，添点水，盖上盖子，焖煎两三分钟就好。

3 烤箱 180 度预热，油条裹上锡纸入烤箱烤 20 分钟，打开锡纸再烤 5 分钟。

· 安心油条超市有售。

●猫宁，有这样一个男人，有点害羞，却不管在哪里跟我通电话结束时总会说“老婆拜拜”。从来不迟到，我迟到他不生气。从来不对我说“不”。长得像个坏蛋，其实不是。主动做家务，边做边哼歌。和大人在一起像大人，和小孩在一起像小孩，和狗狗在一起像狗，和我在一起像傻瓜。每次吃西瓜，都用勺子把中间没有籽的那块挖给我。常常说，有我呢。告诉我，不要省钱。很少叹气，天塌下来了都照样睡得很香。真的可以随时找到他。转眼又到了你的生日，祝你生日快乐。

我想成为你的坚实的顶梁柱　叉烧三明治

今日餐单 *menu*

叉烧三明治，营养米糊，非常甜的哈密瓜。

材料 *ingredient*

三明治（鸡蛋、叉烧、黄瓜、盐、蒜粉、黑胡椒粒），营养米糊（绿豆、薏仁、荞麦、高粱共1杯）。

制作过程 *recipe*

1 鸡蛋打散加盐，黑胡椒粒摊成薄薄的蛋皮。

2 摊好的蛋皮切成土司大小，黄瓜切片，叉烧切片。

3 土司在平底锅里烤脆后依次铺上蛋皮、黄瓜片、叉烧。

4 绿豆、薏仁、荞麦、高粱打成营养米糊。

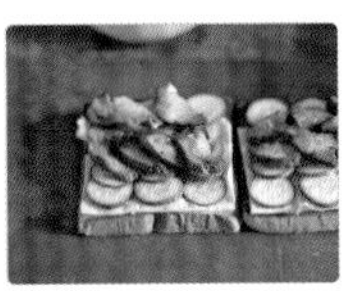
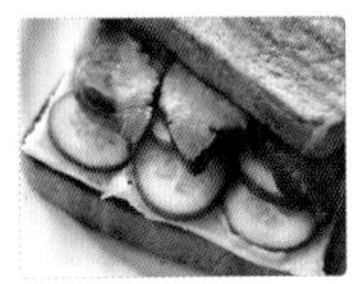

家庭自制叉烧方法

材料

梅肉1kg（去皮），白砂糖80g，生抽60g，盐10g，白酒20ml，芝麻酱20g，海鲜酱20g，芝麻油2g，甜面酱20g，红曲粉4g，水、淀粉适量。

步骤

1 把肉洗净吸干水分切成条备用。

2 所有调料放小锅里小火加热，至酱料微沸，关火，冷却备用。

3 把肉均匀地裹上酱汁，放在盒里，最好排得紧密些，再把剩下的酱汁倒进去，让肉的周围充分被酱汁包裹（我用的是密封饭盒）。

4 腌制的肉放入冰箱冷藏腌制24小时（好啦，开始等吧，该干嘛干嘛去吧，明天回来就腌好了）。

^^^^^^^^^^^^^^^^^^^^^^^^^^^^^终于，24小时过去啦^^^^^^^^^^^^^^^^^^^^^^^^^^^^^

第二天下班回来，随便吃点晚饭，开始烤肉！

用曲别针将肉穿起挂到烤架上，烤盘里铺一层锡纸接滴下来的汤~把烤架置于烤箱最上层，烤盘置于烤箱最底层。

180度，预热，40分钟。

中间把肉取出再刷一次酱汁。

小贴士

1 麦芽糖有一定的包裹性和粘性，方便腌肉入味而且烤好的肉看起来有光泽。

2 红曲粉主要功能是上色，但是一般超市没有，可以网上购买。

冬 Winter

●猫宁，有温暖的太阳。洗豆子，磨豆浆，点豆花。虽然没有到种豆子挖井取水的程度，但这自己动手的丰自足早餐已足够让自己在这阴冷的早晨有种十分踏实的愉悦。秋去冬来，冬天的来临，意味着这一年的结束，希望在这如流水般的时光日子慢一点儿，再慢一点儿。

自己动手，丰衣足食　芹香豆渣小饼

今日餐单 *menu*

芹香豆渣小饼，豆花，凉拌金针菇，榨菜。

材料 *ingredient*

豆花（现磨豆浆、内酯、虾皮、榨菜、紫菜、鲜酱油、芝麻油、香醋、油泼辣椒），芹香豆渣饼（豆渣、芹菜、盐、五香粉、面粉、鸡蛋），金针菇，小香葱。

制作过程 *recipe*

1 冲豆花。用平时两杯的黄豆量来磨豆浆。

2 内酯放容器里用40度左右的温水化开（我是直接在沙锅里做），豆浆打好后马上拿过滤网过滤，然后便冲到装内酯的碗里。

3 冲好的豆浆盖上盖子，静置20分钟，待其凝固后，用榨菜、紫菜、虾皮、酱油、芝麻油、香葱调味，喜欢吃辣，还可以放点油泼辣子。

4 过滤下来的豆渣打进一个鸡蛋，芹菜切细末，倒入半碗面粉（普通饭碗），和匀，用盐、生抽、五香粉、芝麻油调味。

5 平底锅热后倒橄榄油烧热，用大饭勺舀一勺豆渣芹菜末面粉糊放入锅内，用铲子压扁成饼状，小火煎到两面金黄即可。

6 金针菇开水焯熟后放生抽、芝麻油和香醋拌匀，最后撒点香葱末。

油泼辣子

材料

辣椒面，炒熟的白芝麻，盐，大量的花生油。

步骤

1 新辣椒面（不是粉末状的，平时不用装密封罐冷藏保存），炒熟白芝麻，一小勺盐，混合。

2 锅里倒油烧热到轻微冒烟，离火稍微冷却（油一定要多，大约是辣椒面的3倍左右，辣椒很吃油）。

3 热油慢慢泼到辣椒面上，边泼边搅（不要将油烧得太热，否则会将辣椒面泼糊）。

· 油泼辣子最忌讳油温太烫给泼糊了，糊了之后不仅味道很差，颜色也很糟糕。但油温不够又泼不香。所以掌握油温是关键哦，多试几次就心中有数了。

· 还有，油泼辣子的油要多些，把全部辣椒面浸润后上面还能余出一指的油量最好了，这样利于保存。

●猫宁，阴天。我们认为阳光来自太阳，但是在我们心里幽暗的时候，再多的阳光也不能把我们拉出阴影，所以阳光不只是来自太阳，也来自我们的心。只要我们心里有阳光，即使在最阴暗的日子，也会坚持温暖有生命力的品质。精神文化充足富有的人，纵使物质生活平淡，也会感到乐在其中。

阳光来自我们的内心　香菇青菜龙须面

今日餐单 *menu*

香菇青菜龙须面，蒸红薯，烤瑞典肉圆。

材料 *ingredient*

龙须面（青菜、香菇、冬笋、胡萝卜、大蒜1瓣、葱一小段），蒸红薯1块，瑞典肉圆若干个。

制作过程 *recipe*

1 烤箱180度预热，瑞典肉圆从冰箱拿出，不用解冻放到带盖子的烤碗里，烤20分钟。

2 大蒜拍扁切碎，葱放平切葱花，香菇洗净去蒂切丝，胡萝卜、冬笋切丝。

3 锅内油热后下葱花、蒜末炒香，胡萝卜丝放进去翻炒两下后添水，把香菇丝放进去盖上盖子，开大火煮开。

4 水开后把挂面放进去，简单的盐、糖、生抽调味，出锅前把青菜放进去就可以了。

5 红薯是前一晚蒸好的，只须加热一下就可以。

· 如果用没喝完的鸡汤或者骨头汤来煮面条更好。

●猫宁，今天的鸡蛋像个圆脸娃娃，还戴朵花。每天都要吃鸡蛋，煮的、煎的、炒的、蒸的、炖的，尽量换着花样不重样地做，今天虽然也是老生常谈的煎蛋饼，但也希望因为这朵芹菜花儿的出现而那么眼前一亮。

鸡蛋鸡蛋我爱你　葱花蛋饼

今日餐单 *menu*

有花朵的圆脸虾皮葱花蛋饼，红豆花生大枣粥，玉米饼子，小咸菜，橙子。

材料 *ingredient*

粥（红豆、花生、大米），蛋饼（鸡蛋、虾、葱花、料酒、盐、植物油）。

制作过程 *recipe*

1 睡前预约一下粥。

2 早上，2个鸡蛋打散，1小段大葱切碎末加入蛋液，倒入适量的料酒、盐和植物油，用三个手指捏些虾皮放进去拌匀。

3 平底锅烧热倒入橄榄油，倒入蛋液摊成蛋饼（可以摊成一个大的，也可以摊成两个小的），小火煎，待顶部蛋液即将凝固时放上一片洗净的芹菜叶，然后翻个面稍微煎一下即可出锅。

· 盐要少放或者不放，因为虾皮本身就是咸的。

· 关于粥的预约，买一只电压力锅，大大提升煮粥的速度。睡前，把要煮粥的五谷杂粮洗净放入锅中，添入适当的水，按预约功能，通常锅子的工作时间为最长半小时，假如你早上六点钟起床，只需让它五点开始工作便可，剩余时间自动保温。晨起就有热乎乎的粥喝了。由于豆子和米在锅里等待的同时被浸泡了六七个小时，所以煮出来的粥更软更好喝。

没有什么不可以　萝卜盒

●猫宁，到了冬天，最怀念家乡的暖气。那起床时暖融融的空气，可以像夏天样穿着棉T恤走来走去，大口喝冰镇可乐，即使室外天寒地冻又与我有何干？冬天和夏天的距离就只有那一层窗户。没离开家前，一直认为这样的冬天天经地义，直到尝到了南方冬天的厉害。大学第一年的冬天，毫无准备的我被湿冷的气候彻底打败，生了一身的冻疮。第二年，全副武装把自己裹成了球，但还是叫苦连天。如今，这么多年的历练下来，已经基本不再畏惧南方湿冷的冬天了，可以在没开空调的早晨镇定自若地去上厕所。看，没有什么是不可以！

今日餐单 *menu*

萝卜盒，杂粮粥，白煮蛋。

材料 *ingredient*

粥（大米、血糯米、麦仁和糯米），萝卜盒（白萝卜、木耳、香菇、姬松茸、姜、蒜、鸡蛋），鸡蛋2个。

制作过程 *recipe*

1 大米、血糯米、麦仁和糯米睡前泡上。
2 泡好的各类米洗净放入铸铁锅，注入清水，盖上盖子，先中大火烧开后转小火慢煮半小时。
3 煮鸡蛋。

萝卜盒

1 香菇、木耳、姬松茸睡前泡发。
2 早上，泡好的香菇、木耳、姬松茸全部洗净切碎末，姜和蒜切碎末，打1个鸡蛋加1小匙生抽，小半勺盐和少量五香粉搅拌均匀。
3 面粉1小碗，淀粉1/4小碗，油一勺，水适量，搅拌成糊。
4 萝卜去皮切成连刀片（两片为一组不切断），填上馅压紧裹上面糊，下平底不粘锅小火煎至两面金黄。
5 用醋和油泼辣子调成蘸料用来蘸食。

· 调馅的时候打一个鸡蛋可使馅料变粘稠防止馅料散落。

●猫宁，天气一冷，各类热乎乎的粥品便积极飞到我的面前，要求成为早餐小餐桌的主角。在冬天里，我是十分欢迎他们的，于是点好人数，分好组，排好队，从周一到周五，每天轮流上岗服务。各位五谷杂粮大腕儿们都兢兢业业，认真贡献着自己的香气和营养。偶尔花生消极怠工，没有收敛住自己的个性，还是硬邦邦地不肯服软，那我会狠狠地把它泡在水里，让他们吸饱了水而身材变得胖胖的。一周粥品安排：周一，大米香米紫米粥；周二，黑米大米红枣白果银耳核桃花生仁冰糖粥；周三，薏米大米糯米红枣粥；周四，高粱玉米粥；周五，红枣小米粥；周六，燕麦粥。

一碗热粥，温暖你的胃　高粱燕麦小米粥

今日餐单 *menu*

高粱燕麦小米粥，椒盐烤南瓜，鸡蛋卷，虾皮拌牛蒡。

材料 *ingredient*

牛蒡一小截，虾皮一小捏，鸡蛋 2 个，小南瓜半个，粥（高粱、燕麦、小米）。

制作过程 *recipe*

1 前一晚把粥预约好，牛蒡切丝泡清水里。

2 早上，南瓜籽挖净，切成 4 块，烤盘铺上锡纸，南瓜平放，撒上椒盐，淋上橄榄油，200 度上下火中层烤 20 分钟。

3 牛蒡丝开水焯烫之后，放虾皮加生抽 1 匙、盐 1/4 勺、糖 1 勺、芝麻油适量拌匀。

4 鸡蛋打散加盐拌匀，方形玉子烧锅油热后倒入蛋液，小火煎到将要凝固时卷起成卷。

· 椒盐烤南瓜很好吃，做起来也超方便，配小米粥，很香呦。

●猫宁，冬天里最喜欢的事情：厚厚软软的棉被；把冰冷的手伸到某先生肚皮上取暖；冒着热气的热馄饨；抱着毯子窝在暖和和的沙发里喝热奶茶；围着咕嘟冒泡的铜火锅吃涮羊肉；周末早上不用急着起来的温暖被窝；饿的时候，身边就有吃的东西；还有，做晚饭时暖烘烘的厨房。幸福就是，在寒冷的冬天里，两个人挨着坐在小而温暖的书房里，你打游戏，我看书，一起喝茶聊天，听外面的雨哗啦哗啦往下落。

和你一起慢慢变老　豆沙汤圆

今日餐单 *menu*

豆沙汤圆，蒸南瓜和芋头，白煮蛋，蒸香肠，青菜心拌木耳，甜橙。

材料 *ingredient*

黑芝麻汤圆8颗，青菜心一把，木耳一把，南瓜，芋头，鸡蛋2个，台湾香肠2根。

制作过程 *recipe*

1 睡前把木耳用清水泡发。

2 南瓜切块，毛芋头洗净上蒸锅大火蒸20分钟，顺手扔两根香肠进去同蒸。

3 水开后煮汤圆，待汤圆浮起即可关火。

4 煮鸡蛋。

5 青菜心和木耳开水焯熟后用生抽、盐、糖、醋和芝麻油拌匀。

南瓜最好是切开来蒸，如果芋头的个头比较大，也可以切开来蒸，熟得快，节约时间。

●猫宁，经常到一个地方旅行，最喜欢逛的地方反而不是出名的景点，而是自由的菜市场、集市或者闹市街头。这些地方总能让我感受到当地的生活气息，体验到当地人们的日常生活。拉着他的手走街串巷，饿了就钻进一家生意兴隆的老字号小吃店，学着当地人的模样，来上几份地道的小吃。茶足饭饱后回到街上，慢悠悠溜达，街道两旁都是有年头的老房子，斑驳的墙皮，杂乱的电线，门前有阿婆坐着晒太阳，有孩童互相追着嬉戏打闹。渴了，走到一家小卖部前，买上一瓶本地汽水，扬起脖咕嘟咕嘟喝下去，打一个响亮的气嗝。抬头眯起眼睛看着被树荫遮住的太阳洒下来的丝丝阳光。这就是我最喜欢的旅行。

今日餐单 *menu*

三文鱼饭团，红豆花生黑米汤，白菜猪肉煎饺，红油笋丝。

材料 *ingredient*

红豆，花生，黑米，剩米饭1碗，三文鱼1小块，红油笋丝。

制作过程 *recipe*

1 睡前预约粥。

2 早上，将前一晚剩的米饭用微波炉加热，三文鱼切片和米饭拌到一起，加寿司醋拌匀，双手蘸水将米饭团起。

3 饺子无需解冻直接放入平底锅，小火煎至底部微黄后往锅里倒小半碗水，盖上盖子继续小火煎至收汤为止。

· 饭团的形状可以自行发挥，也可以用饼干磨具压出各种形状，总之，随你喜欢。

●猫宁，看建筑大师安藤忠雄的《建筑人生》里说到毕业旅行，也就是时下正流行的"间隔年"，不禁感触，不曾有过毕业旅行，甚至还没毕业就急匆匆赶到单位实习去了。不过确实应该有这样一次旅行呀，通过自己的脚步和眼睛看下生活的世界，然后再迈入工作这一人生新的阶段，是会感受更深的。所以，还没毕业的孩子们，平时节省点，为自己来一场毕业旅行吧，会终身难忘的。

毕业前，来一场毕业旅行吧　蟹肉土豆泥沙拉

今日餐单 *menu*

蟹肉土豆泥沙拉，杂粮粥，炸油条，一小碟笋丝。

材料 *ingredient*

杂粮粥（黑米、大米、花生、薏仁），沙拉（大土豆1个、黄瓜、胡萝卜、蟹肉、小番茄），安心油条。

制作过程 *recipe*

1 睡前用电压力锅预约粥。
2 制作蟹肉土豆泥沙拉。
3 超市买的安心油条无需解冻，油温到七成热的时候下油锅炸到金黄即可。

蟹肉土豆泥沙拉

1 大土豆一块切成2cm见方的小方块，装入玻璃大碗，放进微波炉高火加热15分钟，至全熟为止。
2 熟透的土豆块捣烂晾凉。（以上两步可在前一晚提前进行）
3 黄瓜、胡萝卜切小丁拌入凉透的土豆泥，加入半勺盐、黑胡椒、3勺沙拉酱拌匀，戴一次性手套捏成团子，蟹肉、黄瓜片、小番茄装饰。

· 外面买的红油笋丝的口味稍微差了点，可以自行添加喜欢的调味料进行改善。
· 油条不炸而裹上锡纸进烤箱也很不错，既好吃又健康。

●猫宁，昨晚加班到家一开门，就看到蹲在门口迎接我的猫咪，她对我的脚步声已经非常熟悉了。某先生挽着袖子在洗碗，冲我憨笑着："老婆你回来啦！"碗架上已经洗好了的碗整齐地摆放着，闪闪发亮，像是冲我眨眼睛。啊——家里最舒服啊——脱掉大衣，洗净手，也一头扎进厨房，按照心里已经画好了的晚餐餐单准备下。

幸福就是你刷碗来我做饭　土豆鸡蛋饼

今日餐单 *menu*

土豆鸡蛋饼，营养米糊，豆罐头，番茄沙拉。

材料 *ingredient*

营养米糊（黑米、糯米、糙米、花生），煎土豆鸡蛋饼（小号土豆1个、洋葱1/4个、鸡蛋2个、盐、黑胡椒、橄榄油），番茄沙拉（番茄1个、沙拉醋、黑胡椒碎粒）。

制作过程 *recipe*

1 所有豆子杂粮提前泡好，按豆浆机的“营养米糊功能”操作。

2 土豆削皮切薄片，洋葱切丝，鸡蛋打散加入盐。

3 土豆片和洋葱丝倒入鸡蛋液，平底锅加热倒入橄榄油，将混合鸡蛋液的洋葱土豆片倒入锅中，均匀摊平。

4 趁土豆在锅子里滋滋地响着，开始切番茄，淋上沙拉醋，撒上黑胡椒，开豆罐头，中间把土豆饼翻两次面。

5 不一会儿土豆、鸡蛋、洋葱混合在一起的浓香味就弥漫整个清晨的厨房了，出锅前撒上黑胡椒碎粒。

· 营养米糊可以根据自己的喜好或者需要来搭配粮食。

●猫宁，雨天。一直信守缘分二字，人与人，人与动物，人与植物，还有某些千丝万缕的事件。经常买一样东西，百转千回之后最终还是选择了它；买衣服，挑来挑去，试来试去，始终不肯出手，一转身，有一件印入眼帘，怎么看怎么喜欢，缘分。我和他，在另外一个区生活了几年之后最终选择了现在的位置，也正是我们刚到这个城市时最初接触的地方，也许那时，我们彼此擦肩而过过，缘分最终让我们牵到了对方手，并一起回到原点。

百转千回仍是你　香菇干贝瘦肉粥

今日餐单 *menu*

香菇干贝瘦肉粥，北万青的烧麦，煎蛋。

材料 *ingredient*

粥（大米、糯米、香菇、干贝丁、猪里脊、生菜、姜），烧麦，鸡蛋2个。

制作过程 *recipe*

1 睡前将大米和糯米（3∶1）用清水泡好，生菜洗净，干贝丁从冷冻室拿到冷藏室。
2 早上，里脊切粗粒加少量盐、料酒和干淀粉抓匀备用，生菜切丝。
3 香菇洗净去蒂切丝，大米放入铸铁锅煮开后放入肉丁、干贝丁、香菇丝、一片姜，再煮开后转小火焖煮15分钟，直到米粒全部开花，只加盐调味。
4 烧麦加热，鸡蛋煎熟。
5 粥出锅后将生菜丝拌入粥内。

· 这款粥吸收了肉、干贝和香菇的精华，本身已经很鲜美，无须再加任何提鲜类的调味品，如果喜欢芝麻油的话也可稍滴两滴芝麻油。
· 猪肉可以换成牛肉，别有一番风味。
· 香菇可放可不放，生菜丝也可以换成酸豆角。

●猫宁，年年冬天，我的蟹爪兰都会开花。谢谢我的蟹爪兰，当其他花儿忍受不了冬天的寒冷纷纷叶黄的时候，它静静地准备绽放了，对于我这个养花门外汉来说真是温暖的鼓舞和安慰～～昨天和大P外出，在路上捡到一朵白玫瑰，拿回来和其他修剪下来的叶儿们插在了一起，看着心里真欢喜。（没有暖气的南方，养花对养花人和花来说都是一种挑战。）

今日餐单 *menu*

巧克力布朗尼蛋糕，烤肉圆，茄汁豆子，无糖奶茶。

材料 *ingredient*

瑞典肉圆，梅林茄汁豆子，奶茶（红茶包1袋、斯里兰卡红茶1茶匙、安家淡奶油）。

制作过程 *recipe*

1 肉圆入烤箱180度烤20分钟。

2 奶茶，红茶包和斯里兰卡红茶同煮开后以茶奶与淡奶油3：1的比例来添加淡奶油（喜欢奶味浓的就多加点）。

巧克力布朗尼

材料（适用于10寸烤模）

低筋面粉170g，可可粉30g，黄油200g，细砂糖150g，盐1/4茶匙（1.2g），鸡蛋3个，黑巧克力100g，核桃仁50g（或其他果仁）。

步骤

1 将黄油提前拿出冰箱，放于室内，自然软化后，放入大碗中，用打蛋器打发。分3次加入细砂糖搅打。然后加入鸡蛋，搅打均匀（此时黄油和鸡蛋的混合物约膨大2倍）。

2 把低筋面粉、可可粉和盐混合在一起过筛备用。巧克力切碎放入可耐热的容器中，搁热水融化。

3 待巧克力液稍冷却后，倒入黄油鸡蛋糊中，用打蛋器充分搅打均匀。分3次加入过筛后的面粉，用橡皮刀，从底向上翻拌均匀。此时预热烤箱。

4 将搅拌好的面糊倒入烤模内，最后撒上一层核桃仁。放入烤箱底层烤架，上下火同时加热，170度烘焙35分钟即可。我用的三能活底10寸蛋糕模，无须倒扣。

●猫宁，清晨被雨声吵醒，迷糊中爬起来去关窗却被某人拉住说已经关好了。再醒来某人已悄悄起身上班去了，没有吵醒我。南方的冬天爱下雨，外面天暗暗，拧开收音机，一个人早饭。

今日餐单 *menu*

火腿鸡蛋饼，牛奶，坚果水果燕麦粥，牛油果。

材料 *ingredient*

即食燕麦，香蕉半根，坚果几颗，鸡蛋饼（全麦面粉220g、开水150ml、冰牛奶30ml、盐3g、鸡蛋5个、油）。

制作过程 *recipe*

火腿鸡蛋饼

1 开水倒入面粉中用筷子不停地搅成雪花状。
2 然后分别加入牛奶和盐，用手轻搓成团，抹上油，裹上保鲜膜，室温松弛半小时。
3 松弛好的面团揉光滑分成5等份，压圆。
4 擀面杖将面团擀薄成直径大约20cm的圆饼。
5 平底不粘锅放少许橄榄油，中小火将面饼煎至微微金黄起锅备用。
6 1个鸡蛋加少许盐和五香粉打散，倒入锅中小火煎至边缘定型。
7 在未完全凝固变熟前盖上刚煎好的面饼，稍微煎十几秒翻面再煎几秒。
8 火腿切片铺到鸡蛋上，一同卷起。

·这款早餐煎饼属于烫面类，烫面是利用开水将面粉中的面筋烫软，降低面团的硬度，使做出的面食变软。常见的烫面食物有锅贴、韭菜盒子、烧饼、蒸饺。

没有电，也可以吃早餐　煎蛋黑橄榄

●猫宁，昨天物业通知今天停电一天检修设备，早上迷迷糊糊把豆浆机插上才想起来。只好临时改变下早餐内容啦，简易汉堡，煎蛋黑橄榄，蔬菜沙拉，速溶咖啡。没有电，面包可以在平底锅里烘烤加热。

今日餐单 *menu*

煎蛋黑橄榄，简易汉堡，蔬菜沙拉，速溶咖啡。

材料 *ingredient*

鸡蛋2个，圆面包2个，芝士2片，火腿2片，黑橄榄罐头，小番茄，生菜，速溶咖啡2袋，桔子。

制作过程 *recipe*

1 生菜洗净撕成小片，小番茄洗净切两瓣，用盐、黑胡椒粒、苹果醋和橄榄油拌在一起。
2 面包剖开，夹入火腿和芝士。
3 鸡蛋煎煎，橄榄切切，等水开后泡咖啡。

· 黑橄榄也可以拌到沙拉里。

城市之美，在于细节　煎馒头片夹鸡蛋

●猫宁，我所生活的这个城市之美，摩登只是其一，更让人喜欢的是弥漫在巷弄间的温婉气息。喜欢在其中东走走西看看，一座城市的气质能从街巷深处的细节映衬出来，这里有岁月的沉淀，需要散步其间慢慢品味。喜欢一座城，最好的表达方式就是经常在这座城市里散步。

今日餐单 *menu*

煎馒头片夹鸡蛋，煎五香豆皮肉卷，杂粮稀粥，笋丝。

材料 *ingredient*

粥（麦仁、糯米、大米、燕麦），速冻台式五香豆皮肉卷（超市购），馒头，鸡蛋。

制作过程 *recipe*

1 麦仁、糯米、大米和燕麦在前一晚泡上，早上用铸铁锅先中大火再转小火熬到米粒开花。
2 五香豆皮肉卷在前一晚拿到冷藏室自然解冻，早上待平底锅加热后用小火慢慢煎大概10分钟即熟。
3 馒头切片后在平底锅里放少量的橄榄油煎脆。
4 锅内留底油煎熟鸡蛋。

铸铁锅煮粥，省火省时，但切记一定要全程照看。由于它密封性很好，导热快，因此锅内的水很快便被烧开，容易溢出。只要水烧开后即可转小火，不要中途开盖子，以免密闭的热气消散，重新聚合费气费时。煮好后不用急着开盖，铸铁锅的保温性能很好。

●猫宁，儿时，曾经继承了爷爷的几大株茉莉，在妈妈的指点下小心翼翼地饲养着。可喜的是它们年年都会开花，似乎是对我这个小小养花人的善意回报。放学归来，推开房门便是那沁人心脾的香味，整个屋子都在花香的笼罩下，可它的花却那么质朴玲珑，甚至有点不起眼。自此，这个洁白的小花在我心里深深地生了根发了芽，我就这么爱上了它，这个象征忠贞质朴的小花。以至于成年后的我总是念念不忘我儿时记忆里的那几盆美丽的茉莉花。昨天晚饭后遛弯，看到路边一个年轻的小伙子正在自己的车子里卖花，各种鲜花娇艳欲滴地挤在一起，可我却一眼便看到了茉莉，果断地抱起一盆。回家的路上开心地笑着，似乎怀里抱着的不是花，是那不断涌现的儿时记忆。

清淡的高手　秋葵炒笋

今日餐单 *menu*

秋葵炒笋，胡萝卜糙米银耳浓浆，蒸肉包，煎豆腐。

材料 *ingredient*

浓浆（胡萝卜半根、糙米半杯、干银耳1朵），小肉包，老豆腐，秋葵，鲜笋。

制作过程 *recipe*

1 糙米、银耳头天晚上泡发。早上将银耳撕成小块，胡萝卜切丁，一起装入豆浆机，按“营养米糊”键。

2 浓浆磨上之后，将包子装入蒸锅加热。

3 老豆腐切片后码在平底锅内小火慢煎，用清水、生抽、糖、五香粉和淀粉调一碗汁，待到豆腐煎到两面金黄之后将调好的汁倒入锅内，盖上盖子，慢炖到收汁即可。

4 秋葵斜切，笋切片，清炒。

●猫宁，周末的下午，肉丁、笋丁、青菜丁，汇成一锅香喷喷的菜肉饭，边上的锅子里是咕嘟冒泡的秋葵豆腐汤。守在锅边，收音机里老歌不断，就这样，把柔软的时光消磨到为一个人煮饭做羹汤，感觉真好。

今日餐单 *menu*

木耳魔芋丝蛋花汤，饭团，茄汁蛋饺。

材料 *ingredient*

蛋饺，番茄酱，大米饭，海苔，魔芋丝，木耳，鸡蛋。

制作过程 *recipe*

1 木耳提前泡发，铸铁锅底放少量的油加热，将葱花放进去炒香，添水，放入木耳和魔芋丝，水煮开后打入蛋花，用盐简单调味。

2 做蛋饺。蛋饺蒸熟备用，炒锅中放入少许油，微热后放入番茄酱，小火，用锅铲慢慢搅动，放入白糖继续搅动，直到糖、番茄酱和油完全融合后添小半碗水、一勺盐，再次搅动均匀，淋入些许淀粉，搅匀后把蒸好的蛋饺放进去，均匀地裹上茄汁。

3 米饭滴几滴寿司醋，包成饭团用海苔裹住。

●猫宁，想和喜欢的人在喜欢的地方，过自己喜欢的生活。散散步，吃喜欢的东西，烤烤面包，希望能将自己感受到的充实传递给品尝我们面包的人。——《幸福的面包》

今日餐单 *menu*

香蕉花生酱土司三明治，咖啡，煎鸡蛋，煎胡萝卜，葡萄柚，杏仁，核桃仁。

材料 *ingredient*

葡萄干土司2片，花生酱2大匙，香蕉半根，咖啡粉20g，清水300g，牛奶随意，鸡蛋2个，胡萝卜、坚果若干。

制作过程 *recipe*

1 煮咖啡，美式的滤咖啡机，装好咖啡粉颠平，倒入清水，让它自己煮去吧。
2 土司放入烤箱或者平底锅烤脆，香蕉切片，土司抹上花生酱后将切片香蕉平铺之上便OK。
3 胡萝卜切片，平底锅放少量橄榄油将鸡蛋和胡萝卜煎熟。
4 煮好的咖啡随口味加入牛奶和糖。

· 煮咖啡时，咖啡粉和水比例通常是1：15。两人份的话即20g粉加300g水，用纯净水就好了，无需矿泉水，矿物质会影响咖啡口感。如果喜欢浓一点的就用1：12的比例，如果喜欢淡的就用1：18好了，星巴克咖啡的粉、水比例就是1：18。
· 最好用甜味的土司，比较般配。
· 花生酱可以选有颗粒的，也可以选无颗粒的，随你高兴。
· 花生酱配甜味土司和香蕉真是绝搭，非常好吃，你一定要试试。

●猫宁，每个月底都要清理一次冰箱，再采购些新鲜蔬果，弄干净用纸包好放进去。然后看着分门别类整整齐齐的冰箱做大富翁状～～新鲜蔬果消耗快，但固定有一层来安置它们，所以不担心时间久了冰箱变混乱。最近天气冷，屯好食物就要过冬了咩～～

今日餐单 *menu*

紫薯小煎饼，杂粮粥，蔬菜沙拉，卤牛肉。

材料 *ingredient*

粥（大米、血糯米、杏仁），紫薯（蒸熟的紫薯、面粉40g、糯米粉40g、牛奶适量、白砂糖2勺），生菜，番茄，卤牛肉。

制作过程 *recipe*

1 杏仁前一晚泡好，大米、血糯米、杏仁一同放入铸铁锅里，添水加盖，中大火煮开后转小火煮半个小时。

紫薯小煎饼

1 紫薯蒸熟。
2 蒸熟的紫薯去皮，捣烂，加面粉和糯米粉拌匀。
3 缓缓夹入牛奶，和成不粘手的面团，揉匀。
4 揉好的紫薯面团分成等大的几份，用手压成小圆饼，撒上芝麻在平底锅里煎熟。

· 紫薯饼的口感和南瓜饼差不多。

●猫宁，昨天晚饭后散步，在家乐福附近的商场里淘到一对漂亮的玻璃杯。要说我婚前婚后最大的差别除了体重，那就是单身时喜欢逛街，喜欢买漂亮衣服，喜欢赶时髦追潮流。婚后一切潮流和我无关，喜欢穿棉的、麻的、柔软舒适的衣衫，样子要简洁大方，兴趣都转移到了布置家居上面，一看到漂亮的碟啊碗啊杯啊的，我就像大灰狼看到小绵羊一样，一定要拿下，不管多贵都不心疼。

今日餐单 *menu*

大虾爆锅面，煎蛋。

材料 *ingredient*

对虾，挂面（拉面、手擀面都行），白菜心，蒜，鸡蛋。

制作过程 *recipe*

1 首先将大蒜拍扁切碎，白菜切细丝，大虾开背去沙线。
2 油热后下蒜末炒香，下白菜丝炒软。
3 添水，把虾放进去。
4 水开后下面条，用盐、糖简单调味即可，出锅后撒上香葱。

· 菜爆了锅的面比清汤煮的面汤更浓，因为白菜炒过的缘故，汤非常鲜美，无需放任何鸡精鸡粉味精。不管是一个人时还是两个人时，饿了又懒得大动干戈去炒菜，又想吃得美味营养，这款面最适合。

●猫宁，一开始决定做早餐，只是想把自己和他照顾好，让新成立的小家更有家的味道。一晃，几年过去，一件事儿坚持久了也就成了习惯，这个习惯也让我的生活更加规律起来。还因为在网络中记录每天的早餐而认识了更多的朋友，每天都得到很多的鼓励和祝福，并且托出版社的福，让我的这些记录变成了这本小书，也让我有机会对之前的人生作了总结。也感谢此时正在读此书的你，谢谢你的信任选择了它。

我决定相信我自己　蛋炒饭

今日餐单 *menu*

蛋炒饭，香煎银鳕鱼，球生菜沙拉，小番茄。

材料 *ingredient*

蛋炒饭（剩米饭1碗、鸡蛋2个、葱花适量、盐、糖），银鳕鱼1块，球生菜，酱油，香醋，芝麻油，糖，小番茄。

制作过程 *recipe*

1 锅加热倒油烧到七成热，晃动锅子使油均匀挂到锅壁上，将剩米饭倒入翻炒，炒散炒匀，加盐和糖调味。
2 鸡蛋打散，均匀浇到炒匀的米饭上一圈，晃动锅子，不停翻炒，直到蛋液凝固撒上葱花即可。
3 将银鳕鱼洗干净，用厨房纸吸干水分，放入油热的平底锅内，中火煎3分钟，撒盐后翻面转中小火再煎4分钟，撒盐撒胡椒。
4 球生菜切碎用酱油、香醋和芝麻油还有白糖拌匀，简单又开胃。

- 蛋炒饭炒的时候锅里放的油要稍微多一点，不光够炒蛋还要考虑到饭呢！
- 白饭要用隔夜的冷饭，热饭水分太多。
- 开火烧油，记得油温不要太高，不要冒烟就可以了。
- 蛋打不打匀都可以。
- 白饭因为是冷饭会结成块，所以不要把火开得太大，一般就可以了。一点点把饭铲松了，把它和蛋拌匀。